# 满庭芳 新中式 Ⅲ

## 从空间意境到中式人文的再现

金盘地产传媒有限公司 **策划**　　广州市唐艺文化传播有限公司 **编著**

中国林业出版社
China Forestry Publishing House

**图书在版编目（CIP）数据**

满庭芳·新中式：从空间意境到中式人文的再现．Ⅲ / 广州市唐艺文化传播有限公司编著．-- 北京：中国林业出版社，2017.12

ISBN 978-7-5038-9364-3

Ⅰ．①满… Ⅱ．①广… Ⅲ．①室内装饰设计 Ⅳ．①TU238.2

中国版本图书馆 CIP 数据核字（2017）第 280376 号

**满庭芳·新中式** -- 从空间意境到中式人文的再现 Ⅲ

编　　著：广州市唐艺文化传播有限公司
策划编辑：高雪梅
文字编辑：高雪梅
装帧设计：刘小川　姚凤萍　陶　君

中国林业出版社·建筑分社
责任编辑：纪　亮　王思源

出版发行：中国林业出版社
出版社地址：北京西城区德内大街刘海胡同7号，邮编：100009
出版社网址：http://lycb.forestry.gov.cn/
经　　销：全国新华书店
印　　刷：恒美印务（广州）有限公司
开　　本：1016mm×1320mm 1/8
印　　张：53
版　　次：2018年3月第1版
印　　次：2018年3月第1版
标准书号：ISBN 978-7-5038-9364-3
定　　价：899.00元

满庭芳，词牌名，因唐代诗人吴融的诗句“满庭芳草易黄昏”而得名。本书取其为书名，并将中国古典诗词嫁接于传承中国传统设计元素的新中式空间，从而进行一次突破性的文化联姻。

庭，不单指中庭或者庭院，而是泛指空间。满庭芳营造的意境古典清幽，颇具文化气息，与新中式空间表现出的东方格调甚为吻合，故以此为书名。

# 新中式装饰之美

# 继承+创新，营造暗香浮动的

几十年的现代化进程，经济体制不断更迭，民族元素的重要地位却始终屹立不倒。从大牌到民间，弘扬传统之声不绝于耳，传统符号也成为中国设计师最推崇的元素之一，这是“骨子里的中国情结”，这些元素充满质朴的民间烙印和时代回忆。新中式风格是中国传统风格在当前时代背景下的演绎，是在对中国现代文化充分理解基础上的现代设计，新中式装饰风格清雅含蓄，端庄风华。在中国文化风靡全球的现今年代，传统中式元素与现代材质的巧妙兼糅，其营造的中式意境散发出浓浓的东方情怀与古典情韵，绵软醇香，源远流长。

使用新中式装饰风格并非易事，不仅要对传统文化谙熟于心，还要对现代室内设计有所了解，二者相得益彰。

## 传统中式 & 新中式风格

以宫廷建筑为代表的中国古典建筑的室内装饰设计艺术风格，气势恢弘、壮丽华贵、高空间、大进深、金碧辉煌、雕梁画柱造型讲究对称，色彩讲究对比，装饰材料以木材为主，图案多龙、凤、龟、狮等，精雕细琢、瑰丽奇巧。

中式古典空间是非常讲究“礼制”的。在中国传统的观念中，不仅严格区别内外，尊卑有序，而且讲究对称，对外隔绝，自有天地。传统的厅堂礼仪——主人或者长者，有身份的人是坐在中间的，两边才是客人或晚辈的座次。现代人习惯面对面沟通，古人则讲究侧面沟通，面对面说话是不礼貌的。这种代表传统价值认知的空间布局说明了等级、长幼、主客与沟通方式的关系，也说明中式更多是以文化角度来划分空间功能的。运用到新中式里，家具摆放就要依照礼仪分出不同的区域，例如不同交谈空间中两张座椅的距离界定了谈话双方的关系远近。

新中式风格更多地利用了后现代手法，墙上挂一幅中国山水画等，传统的书房里自然少不了书柜、书案以及文房四宝。中式风格的客厅具有内蕴的风格，为了舒服，中式的环境中也常常用到沙发，但颜色仍然体现着中式的古朴，中式风格这种表现使整个空间传统中透着现代，现代中揉着古典。这样就以一种东方人的“留白”美学观念控制的节奏，显出大家风范。其墙壁上的字画无论数量还是内容都不在多，而在于它所营造的意境。

新中式风格空间在充分运用中式元素的基础之上，也融入了多种文化元素，体现出一种多元文化氛围。在地域上，江南风韵、徽派新风、岭南韵味、关中情怀各有特点；在样式上，有时可见夸张、变异的造型，或融入现代科技；在材质上，可采用现代加工和改良的材料；在手法上，倾向于前卫与古典混搭：从而营造便利、舒适、悠闲的环境氛围。

## 新中式风格设计要点

1、对称　对称是中式装修风格中基本的要求，对称给人感觉的整齐、和谐、庄重。

2、对比　对比是通过不同的事物、色彩进行对比，把两个不同的元素放在同一空间中，在强烈反差中进行鲜明对比。

3、和谐　和谐其实就是一个整体，分为材料和谐、色彩和谐、风格样式和谐等。

4、色调　在色调搭配上要比较注意，不同的色调会有不同的感觉，色调有很多种，在使用的时候可以根据环境的不同来运用。

5、层次　在中式室内装修要点中，层次要分清楚，色彩要从冷到暖，亮度要从明到暗，纹理可以从简单到复杂，因为层次的变化可以取得很好的视觉效果。

6、简洁　简洁就是把室内装饰缩减到小程度，简洁在室内设计中是比较值得提倡手法，也是这几年比较流行的一种趋势。

7、独特　独特是突破规律，在室内装修中要有想象力，以创造不一样的个性和特色。

8、均衡　均衡是一种稳定的艺术享受，在视觉上获得均衡心理，均衡以色彩相比，有生动、和谐之美。

《满庭芳·新中式III——从空间设计到中式人文意境的再现》从继承发扬传统文化的角度，去繁琐沉闷，现清新优雅，对新中式风格家居空间进行解构分析，从而揭示新中式风格中所蕴含的丰富的文化语义，深厚的历史积淀，真挚温馨的地域特色，继而见证传统艺术的巨大魅力，体验中国式内敛含蓄，暗香浮动的美。

满庭芳

# 目录



## 新中式空间之【奢华意境】

兰韵飘香，墨舞九州，一片光影流转。大唐盛奢，东方红梦断。再登浪漫亭阁，荷影舞，锦簇花团。忆江南，文心雕楼，灯火已阑珊。底蕴，谁家藏？金丝楠木，芳溢茗园。暖风熏人醉，栖隐东南。月下雕花美人，清辉洒，神思恍然。见相扰，翩若惊鸿，雅韵蝶飞仙。

## 新中式空间之
# 【现代时尚】

梦寻蓬莱，暖风怡景，重彩春意难敌。轻点砚台，素笔描画意。大红灯笼高挂，福星照，喜气难抑。话新人，娇柔浅笑，尚简古风遗。蓦见，小径旁，万紫千红，繁花偎依。低吟浅唱间，微拂青丝。栖居江南水乡，净无痕，朱门掩闭。终难忘，古屏银韵，不忆旧来时。

满庭芳

# 目录

# 新中式空间之【现代禅意】

花草树木，鸟兽虫鱼，晨昏皆为谁忙？花枝沸腾，微云抹浓妆。池内荷韵悠然，晚风拂，笛声微扬。一壶茶，两人共品，天凉夜未央。此年，名满身，风尘无觅，两鬓如霜。心静思致远，岁短路长。想来素敛风华，虚静生，禅韵满堂。都道是，镜花水月，不敌土一筐。

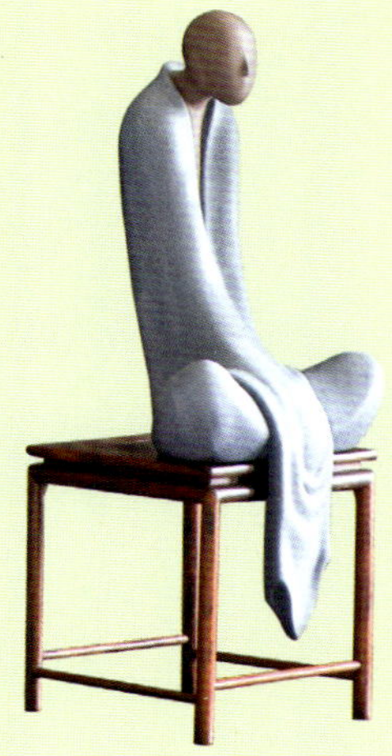

满庭芳

# 目录

## 新中式空间之【古朴意境】

关中风情，千年传唱，诉说史韵些许。古意小楼，山湖依人语。犹记食府前路，古树下，清风微拂。流转间，夜宴声嚣，美酒倾如注。不如，当此际，静坐品茗，何度虚无？画屏人影动，古琴轻抚。水面荷举景筑，月如霜，清歌一曲。不思量，隐匿东方，相忘于江湖。

关中风情，千年传唱，诉说史韵些许。古意小楼，山湖依人语。犹记食府前路，古树下，清风微拂。流转间，夜宴声嚣，美酒倾如注。不如，当此际，静坐品茗，何度虚无？画屏人影动，古琴轻抚。水面荷举景筑，月如霜，清歌一曲。不思量，隐匿东方，相忘于江湖。

# 新中式空间之【休闲度假】

背倚青山，面临碧水，风抚深院秋千。江南水乡，情韵满茶园。驿馆路头忽现，卷幽梦，香气迎面。春风起，绿草如茵，湖面波微澜。无言，驻足处，童谣轻唱，醉美自然。山间日渐暖，辉洒云天。闲坐庭前享景，疏影斜，池水清浅。蓦抬头，在水一方，伊人花丛间。

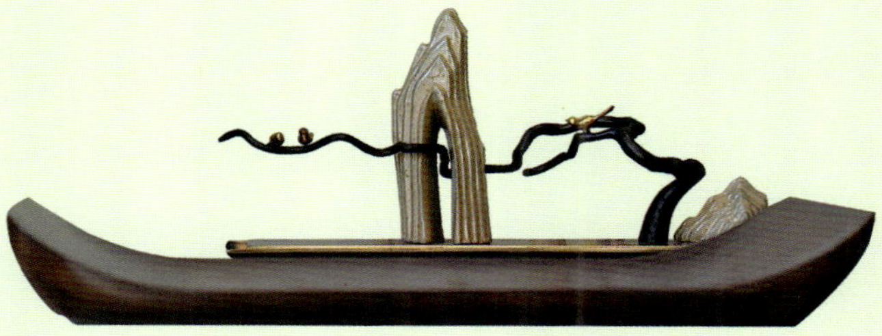

## 新中式空间之

# 奢华意境

奢华意境的中式空间，一般体现为中式的家具和饰物加上西式的穹顶、水晶灯、石材墙面、豪华布艺等。奢华意境主要体现出两大特征：一是借鉴中国古代宫廷贵族的设计风格，通过大空间、颇显贵气的装饰图案、古玩瓷器等多种元素的现代演绎，体现中式贵族风；二是中西结合，即空间整体既具有东方的古典美，又具有西方的大气和豪华感。

### 满庭芳·花间酌

兰韵飘香，墨舞九州，一片光影流转。大唐盛奢，东方红梦断。再登浪漫亭阁，荷影舞，锦簇花团。忆江南，文心雕楼，灯火已阑珊。

底蕴，谁家藏？金丝楠木，芳溢茗园。暖风熏人醉，栖隐东南。月下雕花美人，清辉洒，神思恍然。见相扰，翩若惊鸿，雅韵蝶飞仙。

**【解析】**闻到兰花清香怡人，看到巨幅墨画飞舞，只见一片光影交错。梦见大唐盛世，那是不可想象的奢华与锦绣。再次登临浪漫亭，荷影舞动，花团锦簇，想起在江南，那座颇有文化气息的楼阁，只是物是人非，灯火已尽。这人间的美好，藏在谁家何院呢？古茗园中，金丝楠木静静散发着芳香。隐于江南，暖风微拂，熏得人有些醉意。月下，雕花精致，如美人般，恍惚间，她竟带着光华雅韵，化蝶飞仙而去。

奢华空间常被打造得浓墨重彩，刺目的红、富丽的黄、浓重的黑，颜色纷杂；并喜用兰花、荷花等为主题。亭台楼阁上之雕花、墙上巨幅古典水墨画、温暖金丝楠木家具等，惊现艺术之美，给空间增加了一分大气、华美与精致。

# 满庭茗

# 满庭芳·琴棋书画小桃源

## 北京万科·观承别墅精工合院

**项目面积：** 约600$m^2$ / **项目地址：** 北京市顺义区高丽镇于庄 / **硬装&陈设设计：** GBD广州杜文彪装饰设计有限公司
**主要材料：** 木饰面、天然石材、金属、丝布硬包、实木复合地板

北京观承别墅以京城四合院为灵感，私密庭院，双层空间，
融合中西生活哲学的精工尺度，通过自然元素的延伸和中西文化的交融，
让设计与人文一脉相承，完美进阶天人合一的居住境界，开启人与惬意人居的时代邂逅。

精工合院的样板庭院分别以“雅颂”和“畅合”为主题，在小桃源里，尽可以体验到现代与传统的融合与再现。空间设计根从于中国书画大家“疏可跑马，密不透风”的思想，讲章法，究布局，映射到室内空间，讲究的便是虚与实的对比，简与繁的对比，强调空间节奏的重要性。

庭院以篆刻为元素表现主人对中国文化的热爱。凉亭浮于水面之上，中国古代四大发明之一的活字印刷术演变成水中的雕塑，有的藏于水面，唯有“观承”破水而出。玄关处的屏风用虚与实的对比手法将室内的生活与外界的喧嚣做了一个分隔，体现了主人公“谦逊”与“安静”的生活态度。屏风“藏形露意”的设计灵感来源于自然界光与水的结合，当一束光线射入水中，溅起山峦的形状，随着一天晨曦、正午、傍晚、夜幕的光线变化，折射出不同的光影效果。

设计上选用了华裔设计大师卢志荣先生的原创品牌“一方”的系列产品。东方的感觉是自然而放、由内生发的，融会古今智慧与感悟，以物品的创作重申永恒、简洁和本质之道。自带“精神气质”的家具本身就是对国际中式的完美诠释，“一方”系列产品，与别墅的空间相互成就，这整个过程让国际中式不单单是一种潮流、一个风格，更让它变成一次行动、一种体验。

圆形的餐桌圆中有“缘”，象征着亲人的相聚团圆，餐厅的纯铜吊灯来自比利时匠人的手工打造。

十只绶带鸟从窗外飞入老人的房间停留在此演化为主幅上的手工刺绣的飞鸟。“绶”与“寿”“带”与“代”谐音，因此绶带鸟成为了人们心中长寿的象征，老人坐在窗前躺椅上闻香、品茶，看着窗外庭院中儿孙在开心的玩耍，享受自在与天伦。

客房以水墨为主题，泼墨以水探索，水代表友情间细水流长，体现了主人素雅、清幽的文化品味，也表达了中国古人“君子之交淡如水”的待客之道。位于二层的主卧在房型布局时参考了度假酒店套房的功能与布局方式。牡丹的花语为圆满、富贵，用牡丹的雍容华贵来映衬主人的尊贵地位。

▶ 南入户型负一层平面图

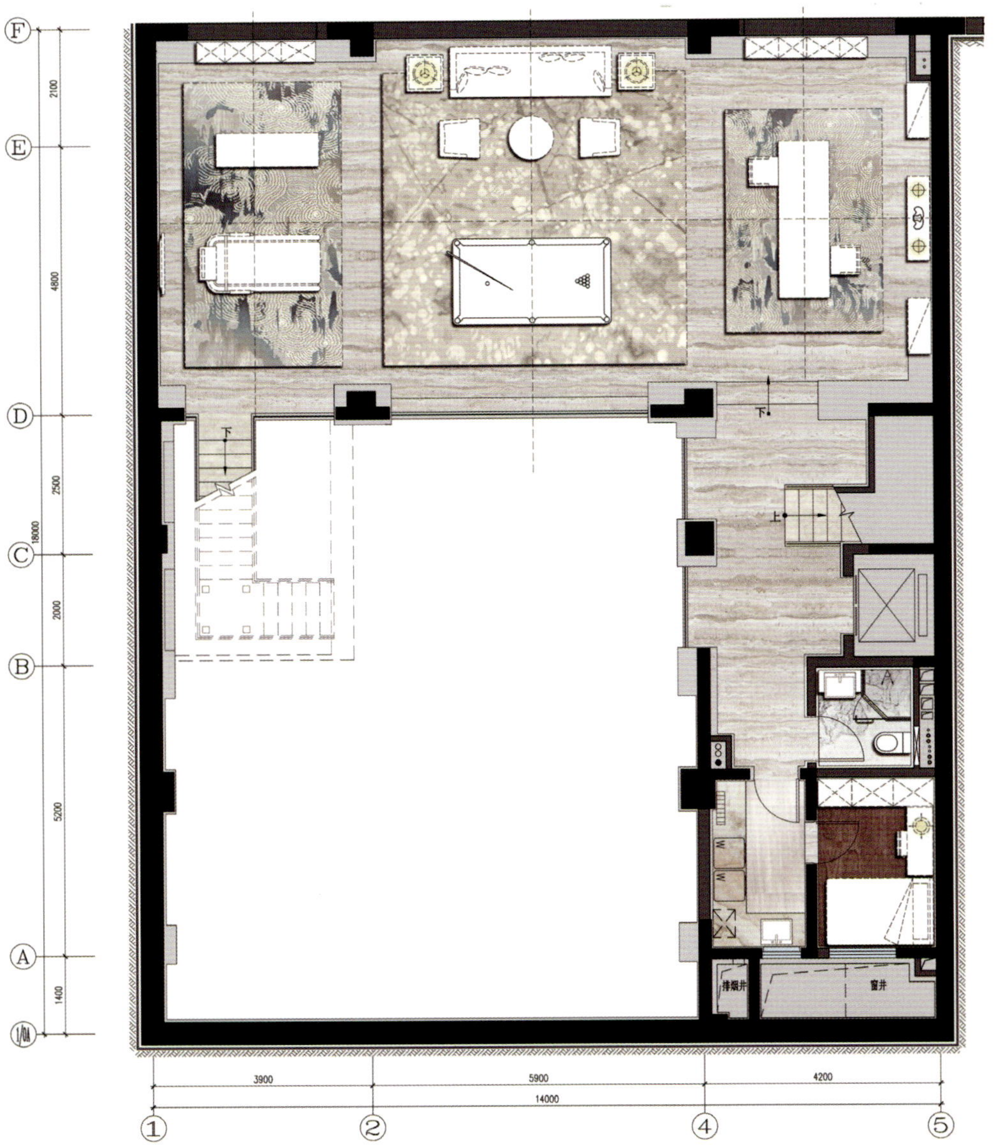

▶ 南入户型负二层平面图

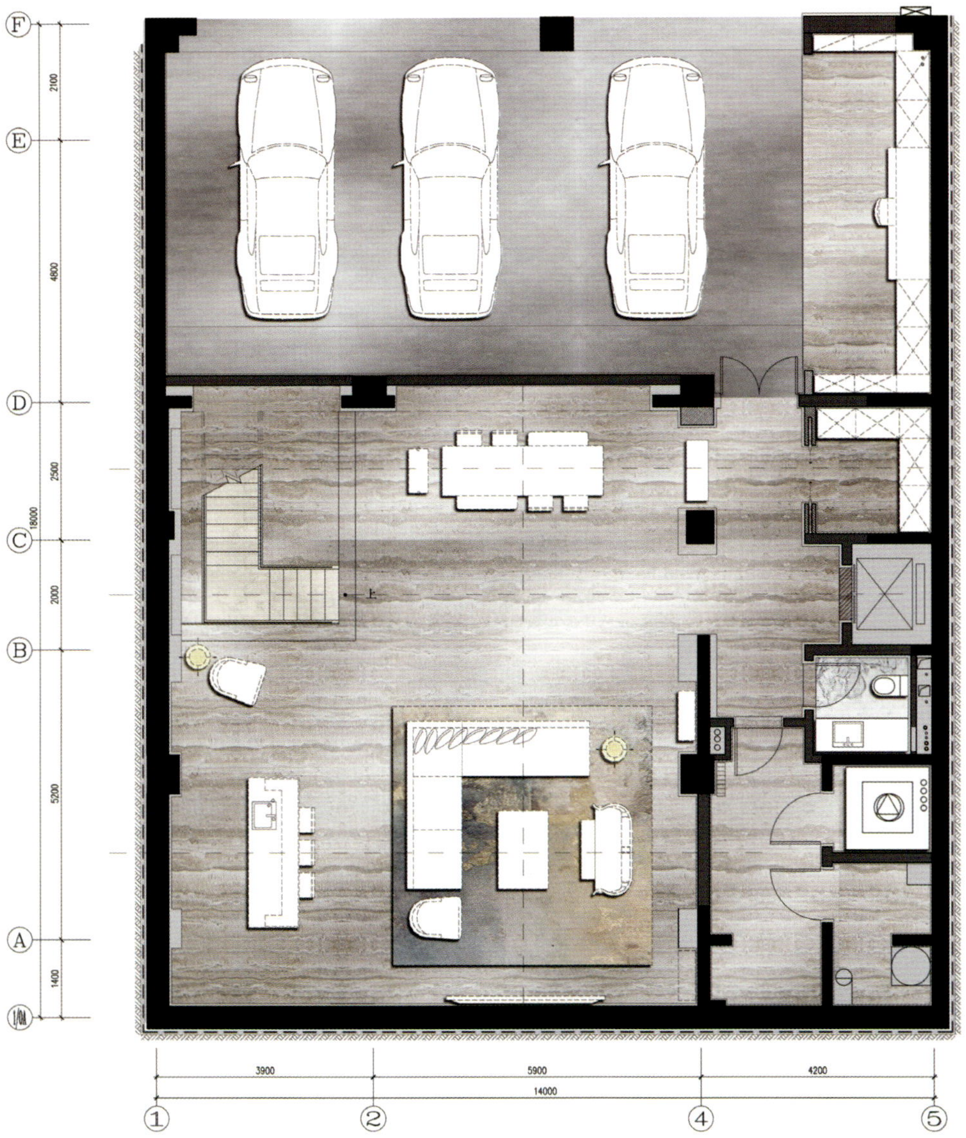

▶ 南入户型一层平面图

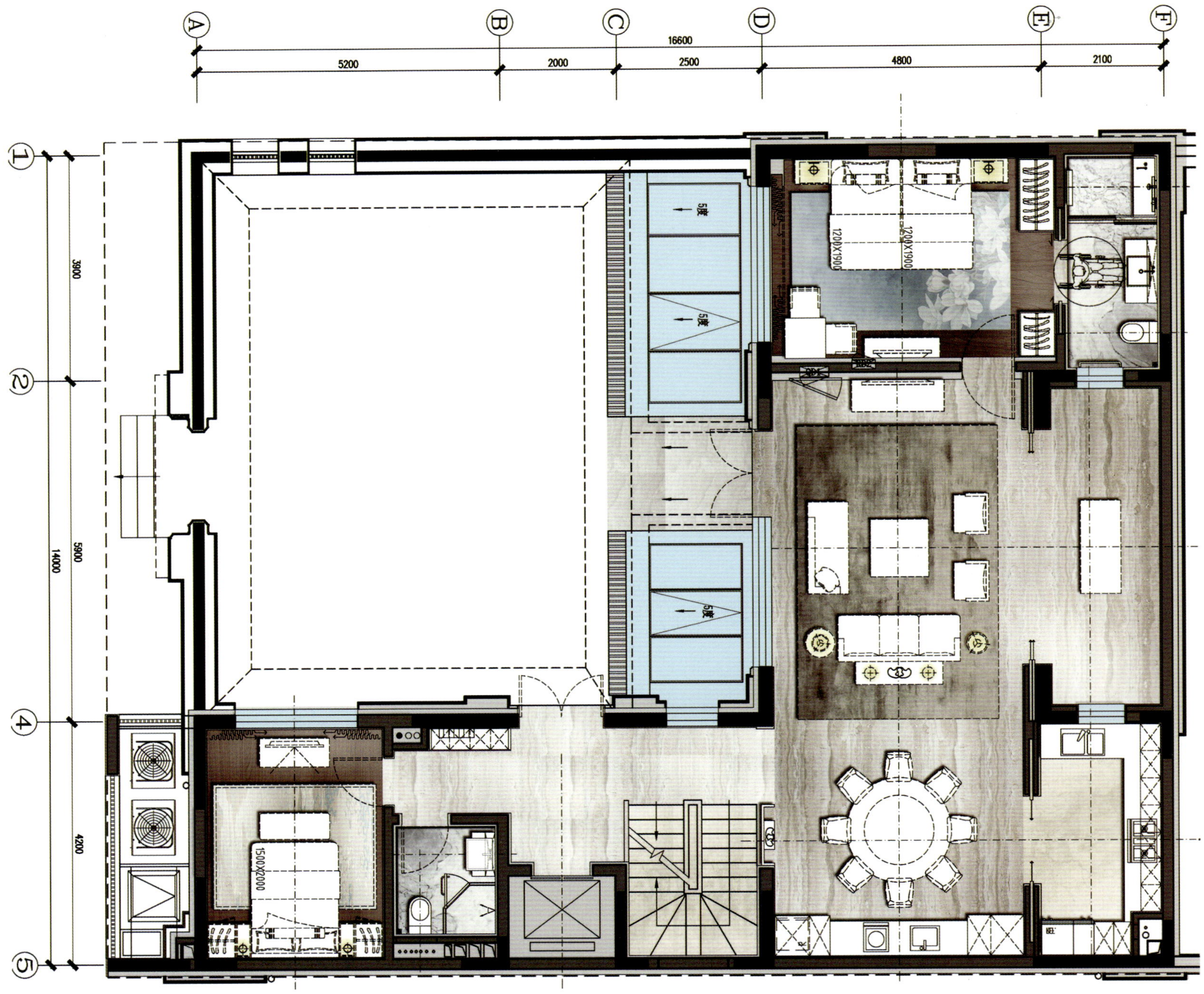

A
B
C
D
E
F
16600
5200
2000
2500
4800
2100
1
2
4
5
3900
5900
14000
4200
1200X1900
1200X1900
1500X2000

► 南入户型二层平面图

A
B
C
D
E
F
16600
5200
2000
2500
150
2250
2250
150
2100
1
2
4
5
3900
5900
14000
150
3940
110
1800X2000
1500X2000
1505
1505
1700
2020
2200
600
2800
2540
400
230
280
300
280
16360

► 北入户型负一层平面图

► 北入户型负二层平面图

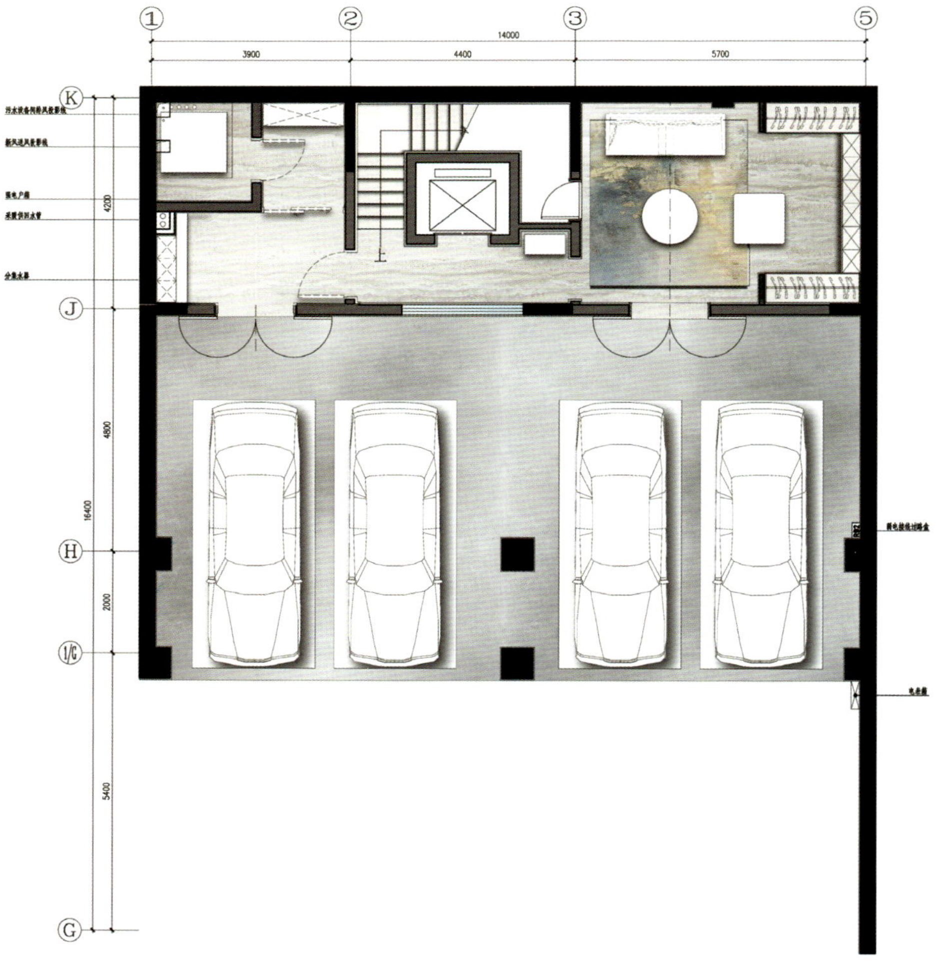

► 北入户型一层平面图

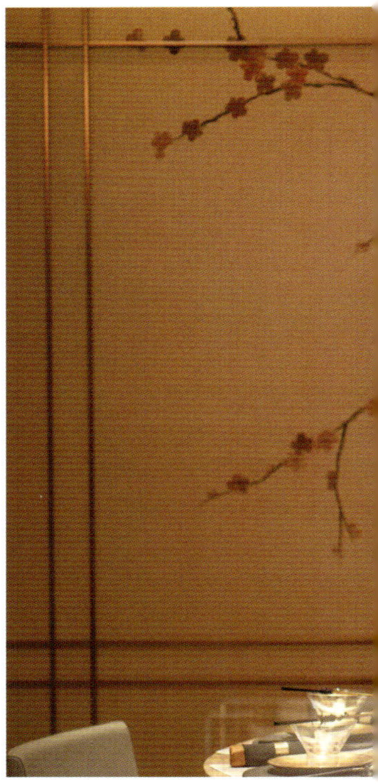

► 北入户型二层平面图

F
G
H
J
K
18000
1600
7400
150
230
2640
1630
150
150
950
100
900
450
450
1070
130
1
2
3
5
3900
4400
14000
5700
5100
2170
230
2060
2060
450
1280
870
870
900

# 满庭芳·东情西韵桃源梦

## 北京万科·观承别墅售楼中心

**项目面积：**1000m² / **项目地点：**北京市顺义区高丽营镇于庄 / **设计公司：**IADC涞澳设计 / **主创设计师：**张成喆
**主要材料：**柚木饰面、灰色大理石、白色透光玉石、肌理漆、胡桃木地板、古铜色金属饰面

万科·观承别墅售楼中心的设计主题是以博大的胸襟，站在跨越东西方文化的时空高度，融合两种文化的精粹，打破了中西方文化长久以来保持对峙的局面，终结了不可融合的神话，呈现了一个亦中亦西、别具一格的会所空间。

在万科·观承别墅售楼中心的设计中，设计师力主“多元创新”，将传统东方典雅的气质与简约整齐的线条相搭配，凝结出富有“东情西韵”和充满人文气息的空间。

整个设计采用古典建筑三段式手法，将建筑单体划分为左侧洽谈区、中部接待区以及右侧模型展示区三部分，呈现和谐对称之美，展示恢宏庄重之气。先将入口挑空大厅的巨大接待台作为空间的分界和焦点，再进入到洽谈区和接待区，空间有分有合，利用屏风隔断层层递进，形成了流动和连续的空间构成形式。

设计师从这一形式中获得启发，以此概念又打造了具有现代民国风格的会所空间。以原木色、米灰和墨绿色为主要色彩，选用棉麻布料、铜、柚木及灰色石材等材料，并糅合花卉、古铜、水墨等元素，以简约衬托恢弘，让设计既呈现出淳朴整洁之小范，又不失大气端庄之气势。

设计中以大理石的冷，配上原木色的暖，从而使简约的空间不显空旷单调，达到沉稳端庄的视觉效果。同时空间中流露中家庭会客厅的温暖感受，给人以舒适温馨之感，又于简约中散发出浓烈的民国情怀，深化了亦东亦西设计的鲜明个性。

室内设计师都会运用中国的文化、元素来表达自己的室内设计作品，但多数人只会用形，而并没有掌握到中国传统文化的神韵。对于这点，主创设计师感悟颇深：“中国传统的设计风格强调中心对称，常常在无声之中给人一种无与伦比的力量。我将这种设计手法和传统中式风格所呈现的‘无声胜有声’的意境运用到万科售楼中心及会所的室内设计之中，达到端庄、优雅且富有内涵的空间效果。以传统文化内涵为设计元素并不意味着将传统原封不动地照搬，而是需要革除中式传统设计的弊端，去除多余的雕饰，糅合现代西式家居的舒适性，创造融会中西，跨越东西的时代杰作。”

# 满庭芳 · 芭蕉叶下雨弹琴

## 北京鲁能钓鱼台美高梅别墅样板房

**项目面积**：673m² / **项目地址**：北京市丰台区榴乡路与石榴庄路交叉口向东100米路南
**室内设计**：P A L Design Group / **主创设计师**：梁景华 / **软装设计师**：葛亚曦（LSDCASA） / **摄影师**：张静
**主要材料**：高级木饰面、地毯、布艺、石材

美高梅别墅用现代手法演绎宫中园林的象，
进而烘托出“萧然高寄、栖游自得”的境，也是“礼御”豪庭的文化溯源。
通过解读项目的形，是传统、是中式、是“皇味十足”；
而它的意，是礼序、是尊重、是中国的精神时代意志。

在美高梅别墅整体空间的色彩处理上，设计师借鉴了中国的诗画意象，以铅白、银灰的低调打底，糅合玄色、赤金等古画色泽，局部点缀黛蓝、朱红，并运用刺绣、编织等古老的传统中式工艺，与金箔、云石、丝绸结合，传达出静谧与活跃、朴素与奢华、当代与传统的关系。一深一浅的两座长沙发，于无形之中与地毯的跳脱形成对比。在这里，从结构到造型，都灌注了文人雅士对生活的理解和态度。

餐厅延续客厅的中轴对称，享受同样的奢侈尺度。餐椅椅背的手工刺绣，来自苏州绣娘的一针一线。金线、丝线两种线按纹样外缘逐步向内铺扎盘出龙的图案，层层叠叠地铺就，十分重工。

负一层特殊的小圆几创意来自印度尼西亚古代铜雕，曲线取自陶罐的颈部线条，铜制的厚重质感，延续于整个空间庄重的韵味。负一层设品茶区，供长日清谈、寒宵兀坐。香道琴房专为抚琴、冥思而设，琴房设雅席、香炉，以诗词入画，透着纱质窗帘，院中芭蕉隐隐点缀，正应了“芭蕉叶下雨弹琴”的闲适意境。

负二层与负三层打通为书房，一面挑高双层的书墙，可藏书6000余本。案上设有笔墨纸砚、香炉一樽，焚香静气。楼梯底部的地毯仿若一幅巨大的山水画为整个空间的态度定调，金属环形吊灯与金属圆几相映成趣，作为社交空间，这里私藏了男主人游历四方遇见的珍贵记忆。

主卧书房内摆放众多艺术品，包含上下品牌的扶手椅以及出自艺术家齐喆的《时生》，借助银箔的自然氧化，让画面自我生长、改变，并持续这种变化，将自然的哲学观融入画中，恰如人生的出生、成长和老去。大面积的金箔画与静气内敛的深色系为整个空间渲染基调，并有铜器的光泽穿插点缀。

客房设计以“藏”为主，用深灰的沉稳静默，搭配墨绿的淡泊质朴，整个居室的秉性就在这样的基调中游走。金属质感的摆件，呼应青铜吊灯，在古朴的淡泊中透出岁月沉淀的美感。女孩房优雅的灰色搭配恬静的紫色、与豆沙绿与白纱组合的窗帘遥相呼应。男孩房则是追求时尚的跳脱，黑与白作为主色调，穿插在空间的大展示面与细节中，线条随意抽象交织的地毯铺就了整个空间活泼生动的气氛。

▶ 负一层平面图

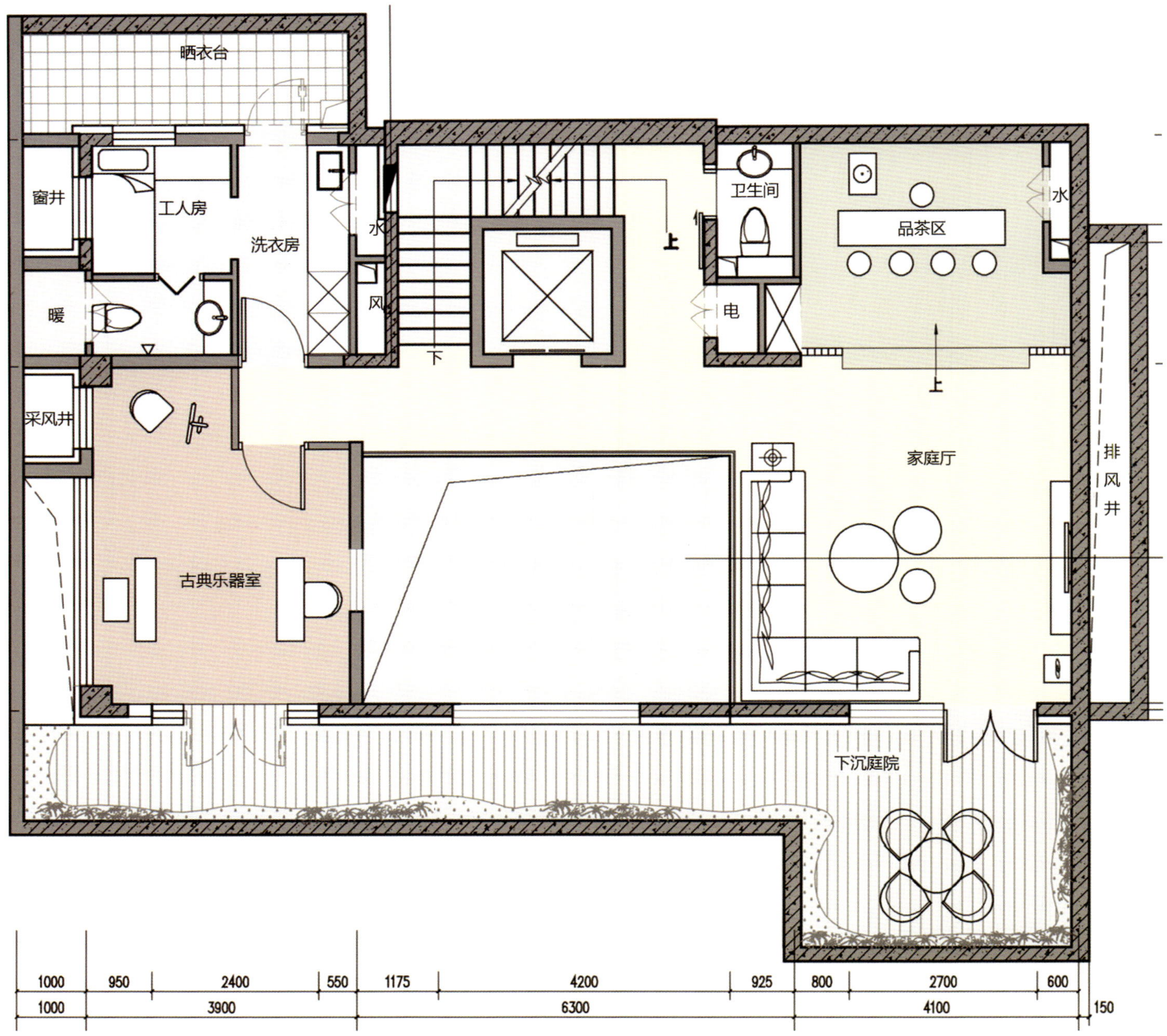

▶ 负二层平面图

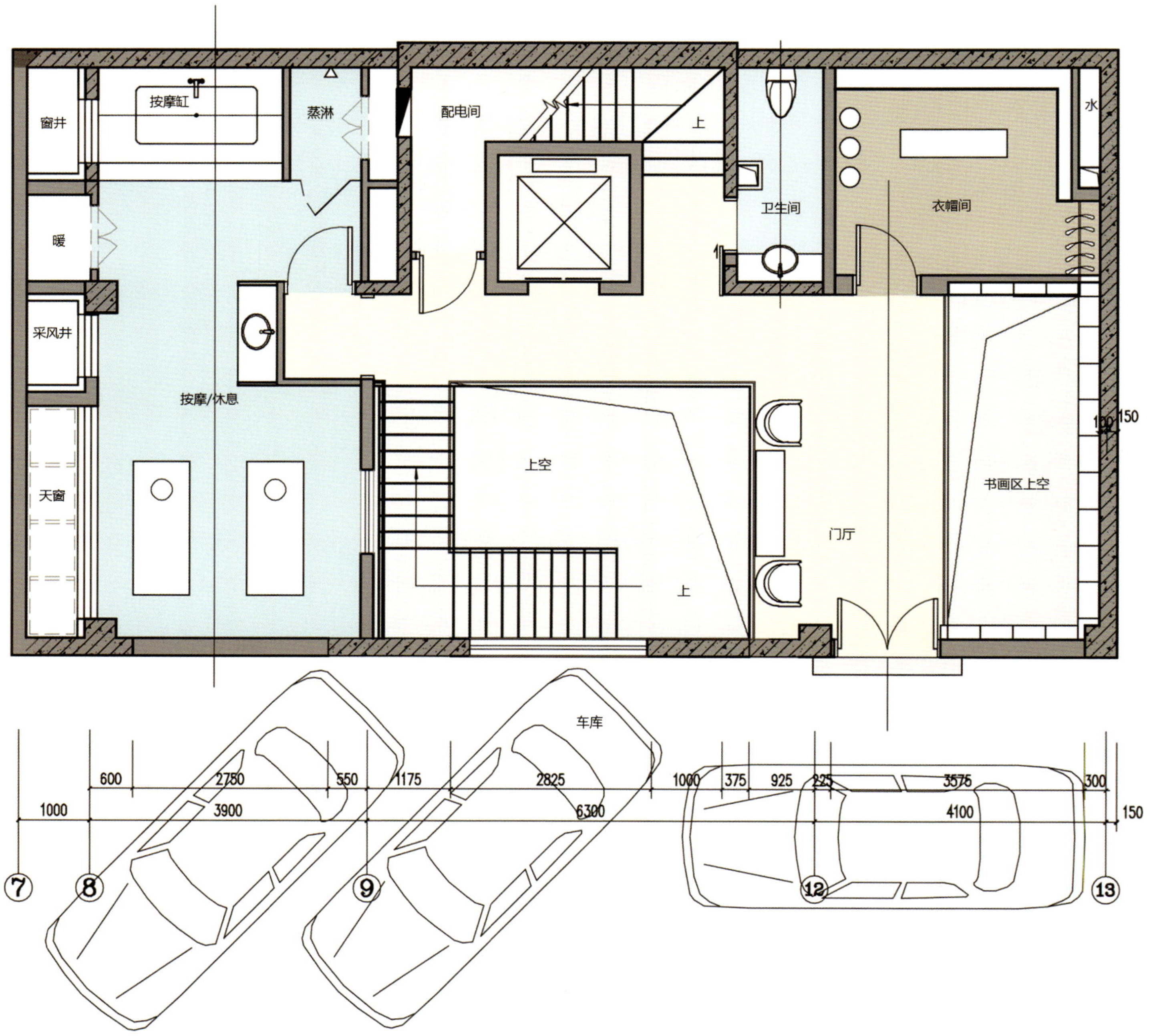

► 二层平面图

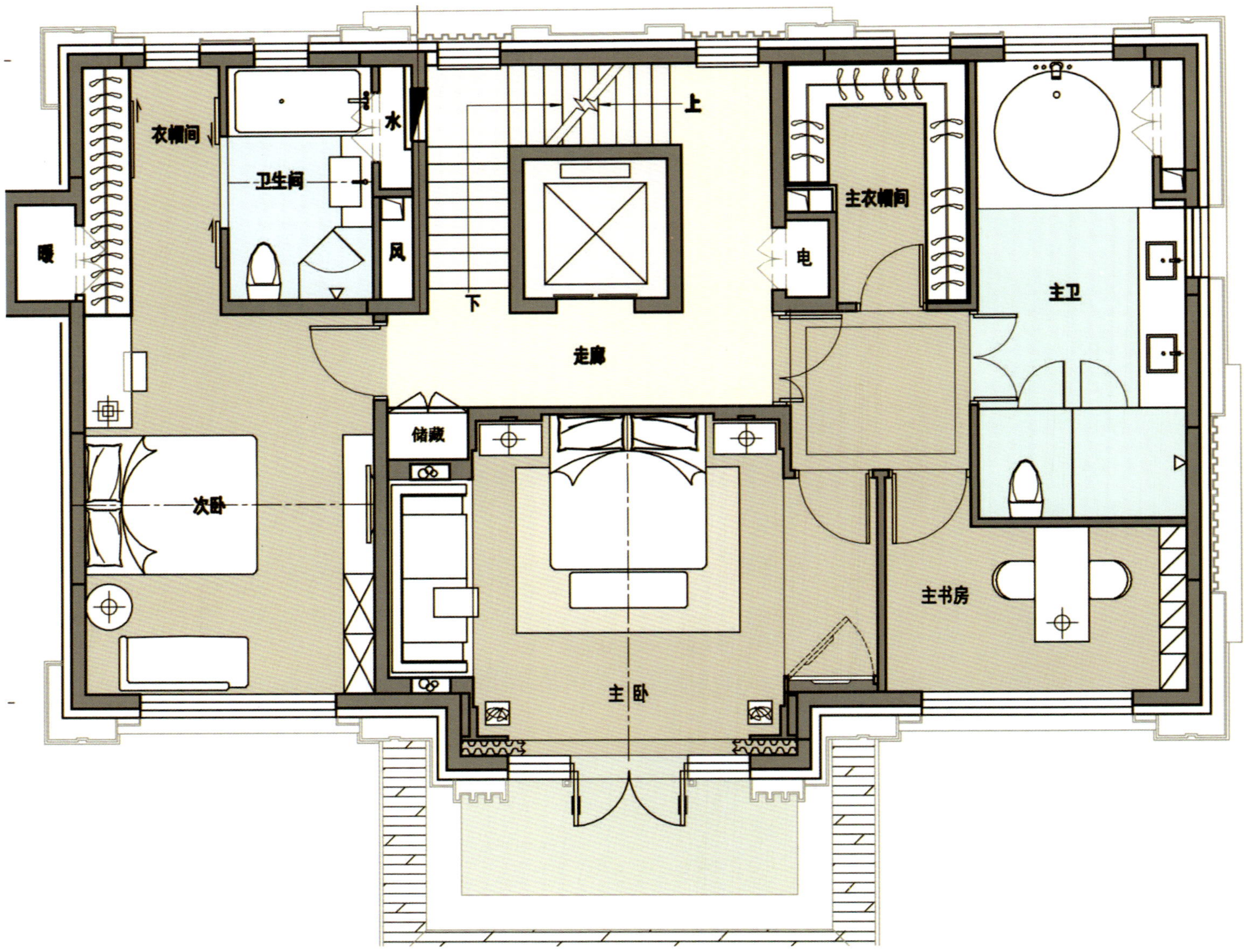
衣帽间
卫生间
水
风
暖
上
下
电
主衣帽间
主卫
走廊
储藏
次卧
主卧
主书房

► 一层平面图

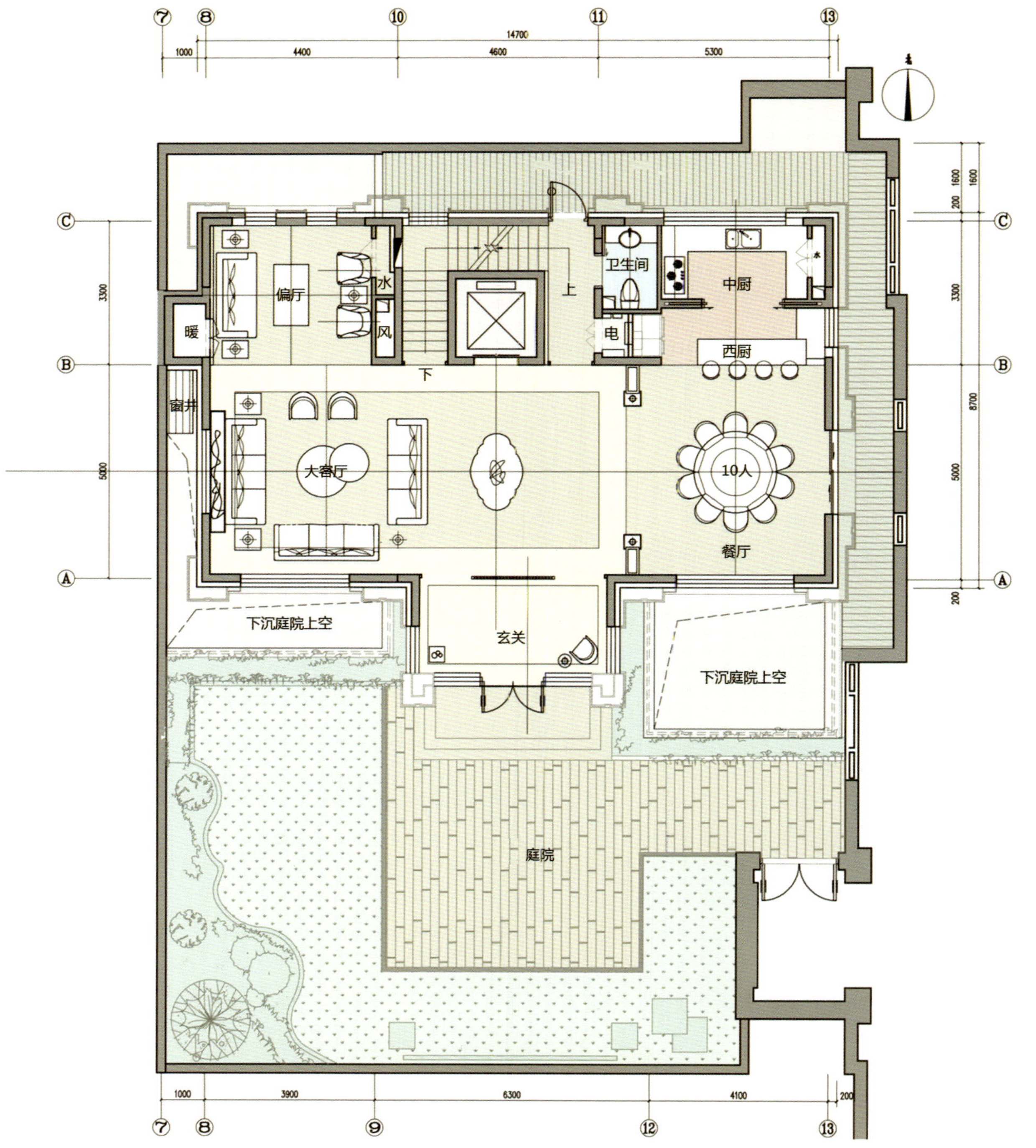
偏厅
水
风
暖
上
下
卫生间
中厨
电
西厨
窗井
大客厅
10人
餐厅
下沉庭院上空
玄关
下沉庭院上空
庭院

# 满庭芳·秋风庭院藓侵阶

## 廊坊固安孔雀城合院别墅

**项目面积：** 约400$m^2$ / **业主：** 孔雀城集团 / **项目地址：** 河北省固安牛驼镇温泉休闲商务产业园内
**设计公司：** PCD品仓设计 / **主创设计师：** 梁祖敏、李健
**主要材料：** 蓝金沙、实木染色、皮雕、丝麻墙纸、古铜不锈钢、拼花木地板、浑水漆

中堂合院传承中式礼制文化和展示新中式里弄空间，
充分考究传统审美与现代生活的适应性，体现现代居住特征，
同时在中式古典园林艺术中寻求现代意蕴，去繁存真，
给人一种现代、典雅又不失传统的亲和感。

合院别墅以时空为纽带，融入东方的沉稳灵性，用时光的痕迹细腻刻画温润与澄静。大理石流动着的纹理打造的入户玄关，开门见山。客厅一组高背浅色长沙发，与地毯的跳脱形成对比。小巧精致的摆件，蓝黄对比色的凸显，珠珠鱼皮托盘，铂金艺术品，彰显着尊贵气质，与整体空间相得益彰。餐厅延续客厅的暖色调，值得一提的是，餐椅椅背的手工刺绣，来自苏州绣娘一针一线织就而成，十分精致。暖色的灯光透过金铜亚克力质面，映衬在描金漆餐具之上，营造出大气、贵重的氛围。起居室和餐厅的家具不同于直白的“仿古”，在很多传统家具的“形”上做了减法，改良工艺，并运用硬木材料胡桃木，面层处理采用传统工艺南漆北蜡的手法，形式上脱离了中式家具的束缚和限制。

一层设禅茶室，老藤缠绕手工打造的壶盛着烧开的水，蒸汽携着茶香袅袅上升，沉浮间摇曳的芽叶，磨去了浮躁，感心中之清明，唯万籁皆寂静。

顺着楼梯循级而下，参差不齐的金属球形吊灯灯影如泄，幻化的肌理，犹如一幅幅精美山水画，顺着山水的纹路，透出朦朦胧胧的光如数千年的文化长河，倾泻于底下的一组雕塑《归宿》之上，与他相映成趣。楼梯底部的休闲区专属于别墅的男主人，地毯仿若一幅巨大的山水画为整个空间的态度定调，作为社交空间，这里更私藏了他游历四方的珍贵记忆。

打通负一、负二层，作为书房，挑高5.6米的书墙可藏书5000余本，是书香门第世代相传的智慧。案上设有笔墨纸砚，文房四宝，更以香炉焚香静气，为书案萦绕烟云，以竹柏作陪，架上藏纳古物雅玩。

二楼的金箔画，为静气内敛的主卧渲染基调。空间饰品取自岁月静好之气质，历经时间沉淀，在传承中发展，延续与创新。女孩房的粉色梦幻空间，男孩房的活力动感，两者融入中式的禅意空间，无不彰显其的艺术表现与意境的合一。真正的“中式之美”，只有在文化的接纳中，在耳濡目染的美感意识中，在光与影的世界，借助场域本身的力量和丰富的色彩饰品装饰摆件，为空间关注鲜活的生命力。

▶ 地下一层平面图

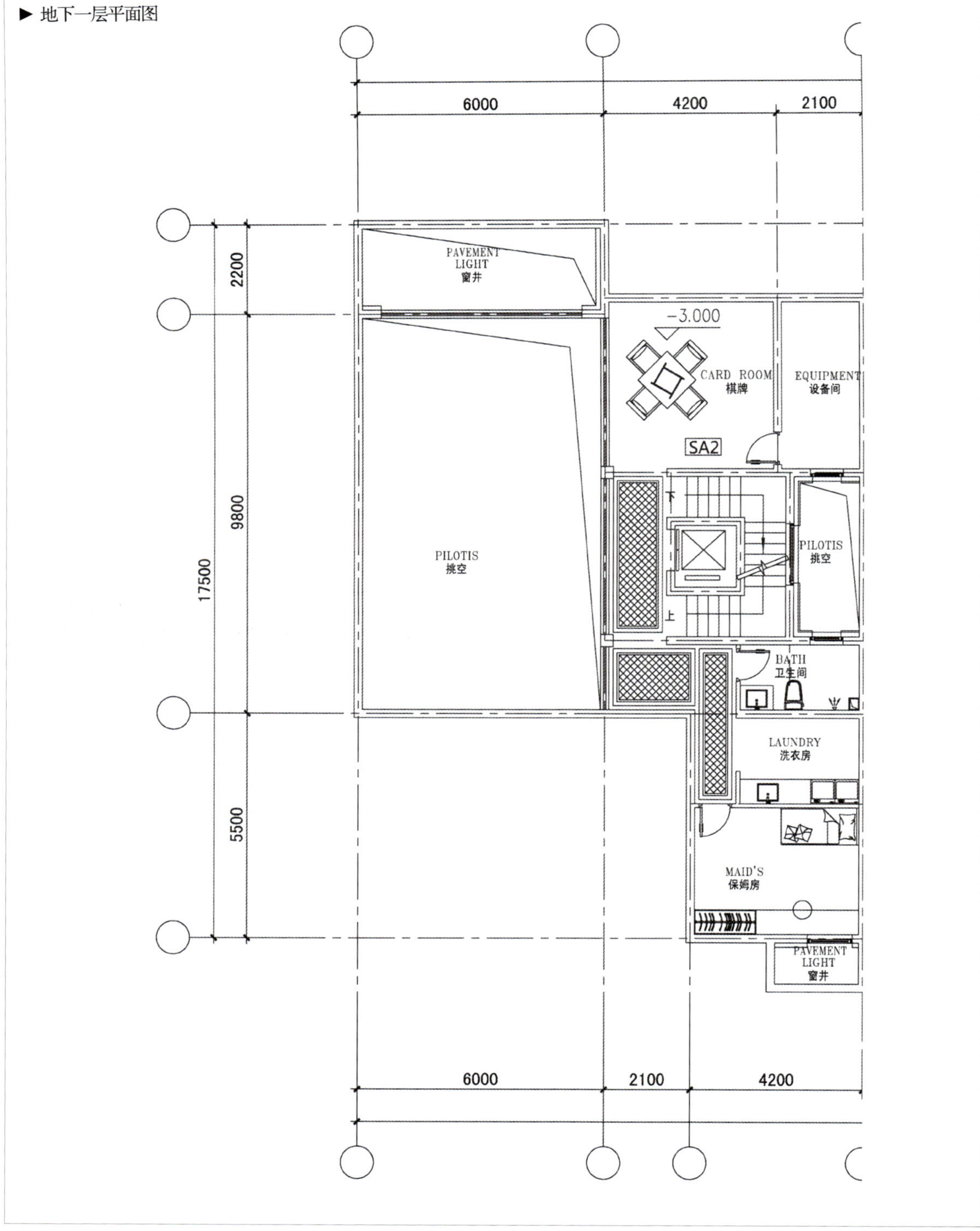

▶ 地下二层平面图

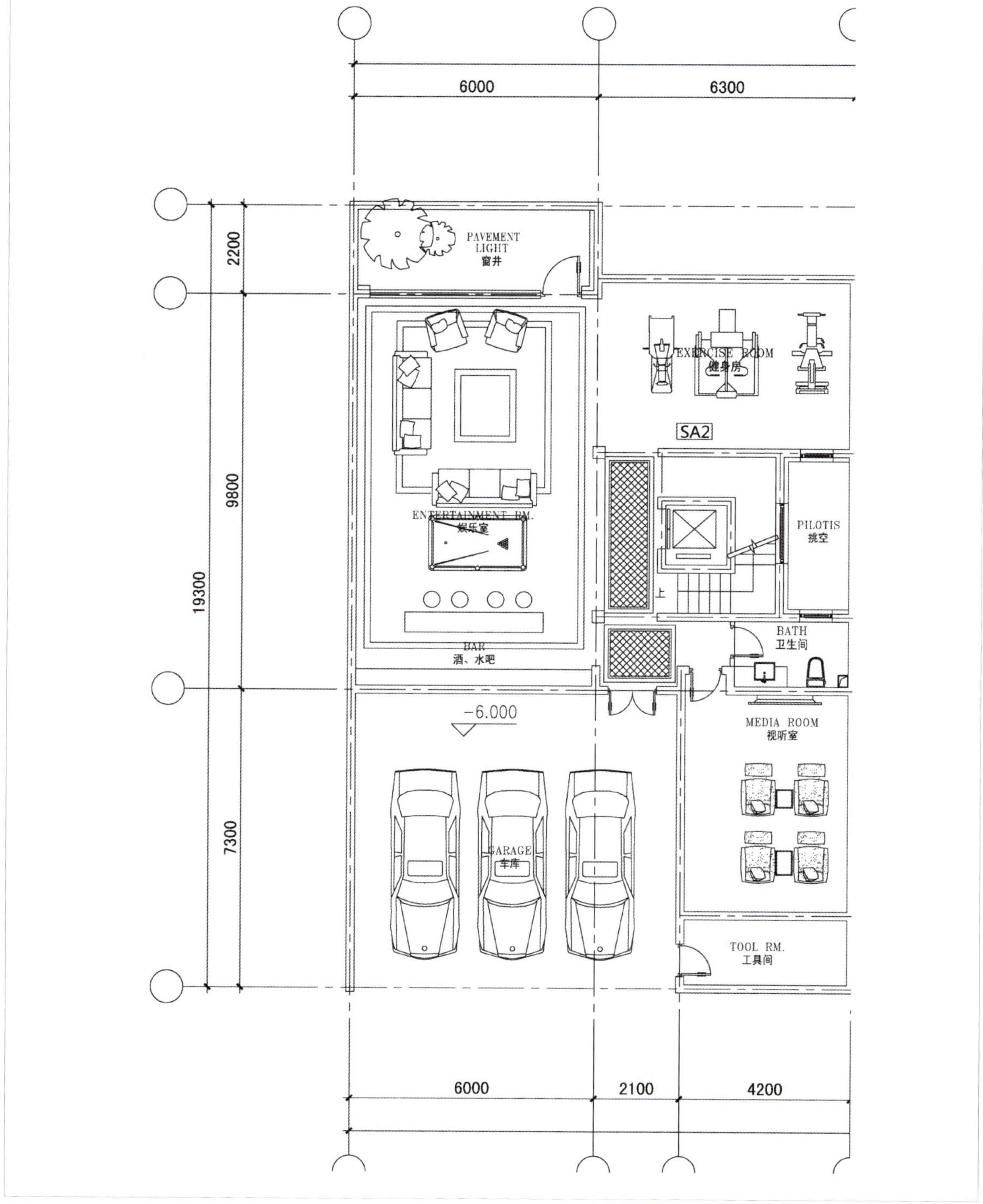

# 满庭芳 · 庭院深深几重喜

## 北京中粮瑞府

**项目面积：** 1500m$^2$ / **项目地址：** 北京朝阳区香江北路向北1500米
**设计单位：** 香港无间设计 / **主创设计师：** 吴滨
**主要材料：** 黑色石材、黑檀木、金属铜

北京中粮瑞府以领誉顶级豪宅之姿，开创府园形制别墅先河。
设计中将东方生活哲学与艺术融入当代设计，尝试着找到与当下中国精英对话的空间语境，
演绎有底蕴的当代东方气质。

北京中粮瑞府的平面规划以中国古典园林为灵感，并结合错落叠进的艺术手法建立空间秩序，使其不仅具有北方宅第的恢弘大气，亦不乏江南园林的典雅之姿。在保留传统中式风格含蓄秀美的设计精髓之外，设计师将中式设计与当下居住理念与新技术、新想法糅合，抛去繁冗，以极简示人，表达人的精神诉求，呈现出简约秀逸的空间。

轻推半遮半掩的大门，即见玄关一幅悠远舒朗的挂画。古朴怀旧的古董玄关桌，桌上饰品严谨摆放，这是对传统东方生活的追溯与守望，为空间塑造出礼仪层次。清代红木官秤、古董门梁等都散发着浓郁的传统气息。

客厅延续了项目传统围合式的方式，一袭彩云飞天大理石立于墙面中央，纹饰如佛教里佛祖的双手合十，呈现祥和气息。现代沉稳色调的沙发、贵气逼人的豹纹扶手椅交椅、火烧石桌对几巧妙地并置融合，穿插有力量感的美国进口品牌DENMAN DESIGN的纯铜边几何灯具，在比例、情绪和故事间平衡出了无限舒适，将新中式的秀逸、力量与意趣呈现出来，以更加现代、轻盈的形态出现在世人面前。

餐厅设计虚拟出目标人物形象如梁漱溟、茅于轼等，以此在空间中体现人文风骨。餐厅强调用餐的秩序和礼仪，热忱迷人的朱砂红餐椅由设计师原创，铜色高级定制灯饰时尚瑰丽，水墨画质感清新，呈现艺术与生活的有机融合。

雪茄房强调舒适与自由交流。设计以沉稳的咖啡色为主色调，来自世界各地的顶级家具在这里搭配融合。有未来感和自然属性的墙纸，搭配包容性强，有宣纸气质的墙纸，对话具有中国古典情怀的现代风格。

男主卧以内敛的灰色和咖色为主色调，设计师原创床榻、床头柜与电视柜，纯铜窗花、国宝级织锦，与知名艺术家陈耀光的挂画巧妙地构建了一个舒适空间，简洁有力的设计语言，将东方的智慧与态度无限放大。

客卧再造品牌床榻，古董级茶几，设计将舒适功能和艺术品位融汇到一起，同时将现代元素带入空间，穿插些许中式意向，铜质窗帘强调材料静逸微妙的触感，空间被赋予了变化的层次，细节之美温暖着忙碌的心灵。

▶ 地下二层平面图

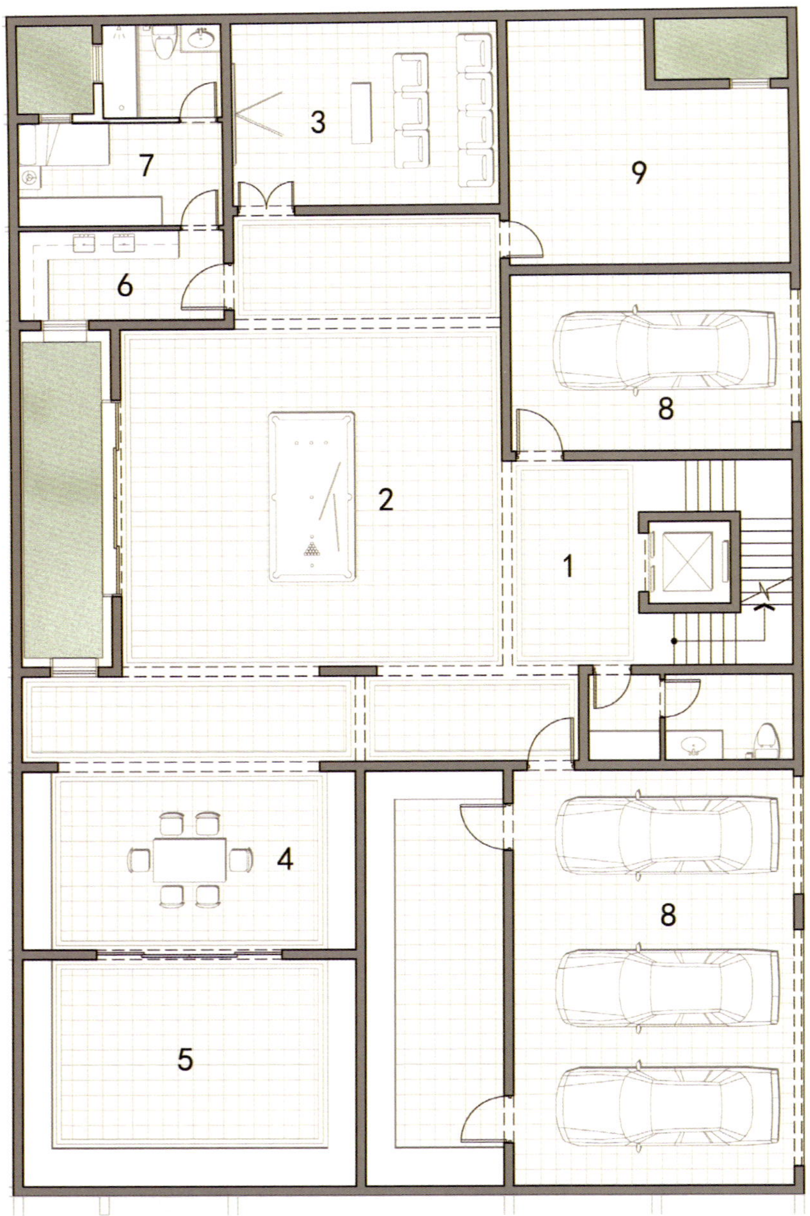

1、电梯厅　　4、酒水间　　7、保姆室
2、游戏室　　5、酒窖　　8、车库
3、视听室　　6、藏书室　　9、设备间

▶ 地下一层平面图

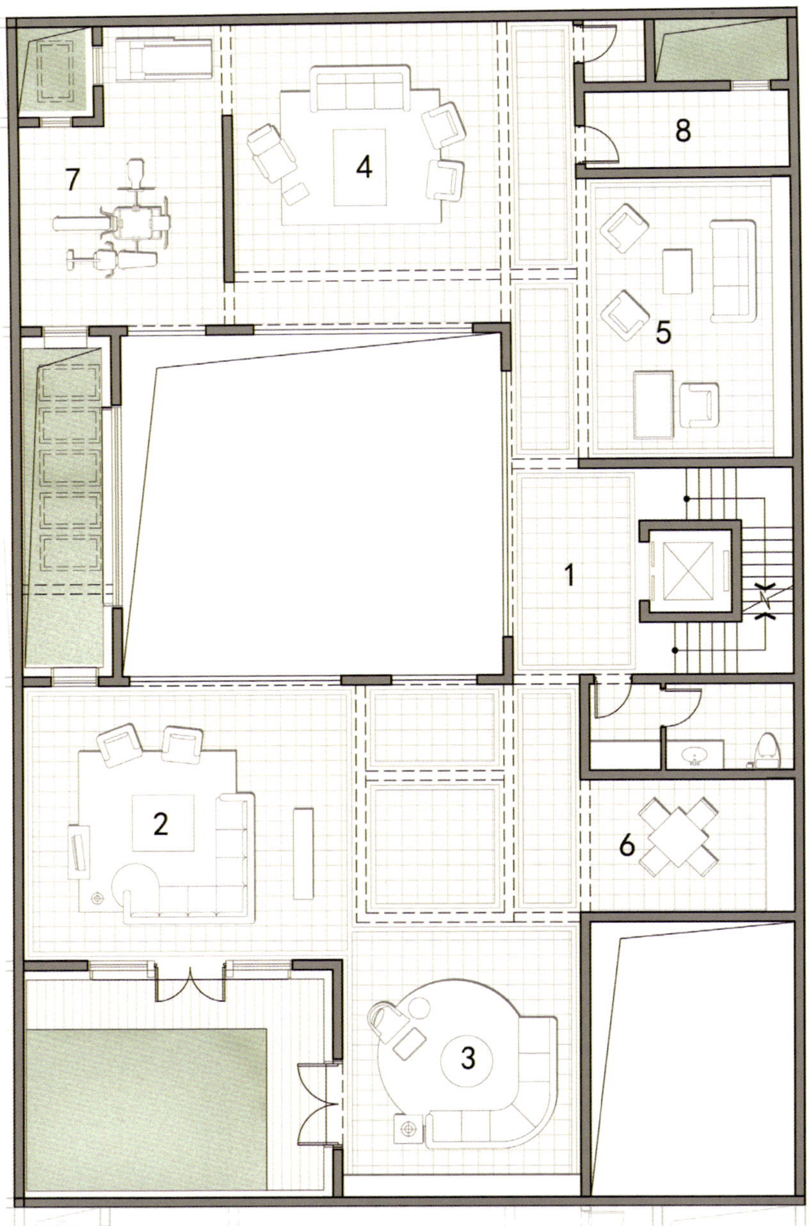

1、电梯厅　　3、游戏室　　5、藏书室　　7、健身房
2、客厅　　4、休息室　　6、游戏厅　　8、设备间

► 一层平面图

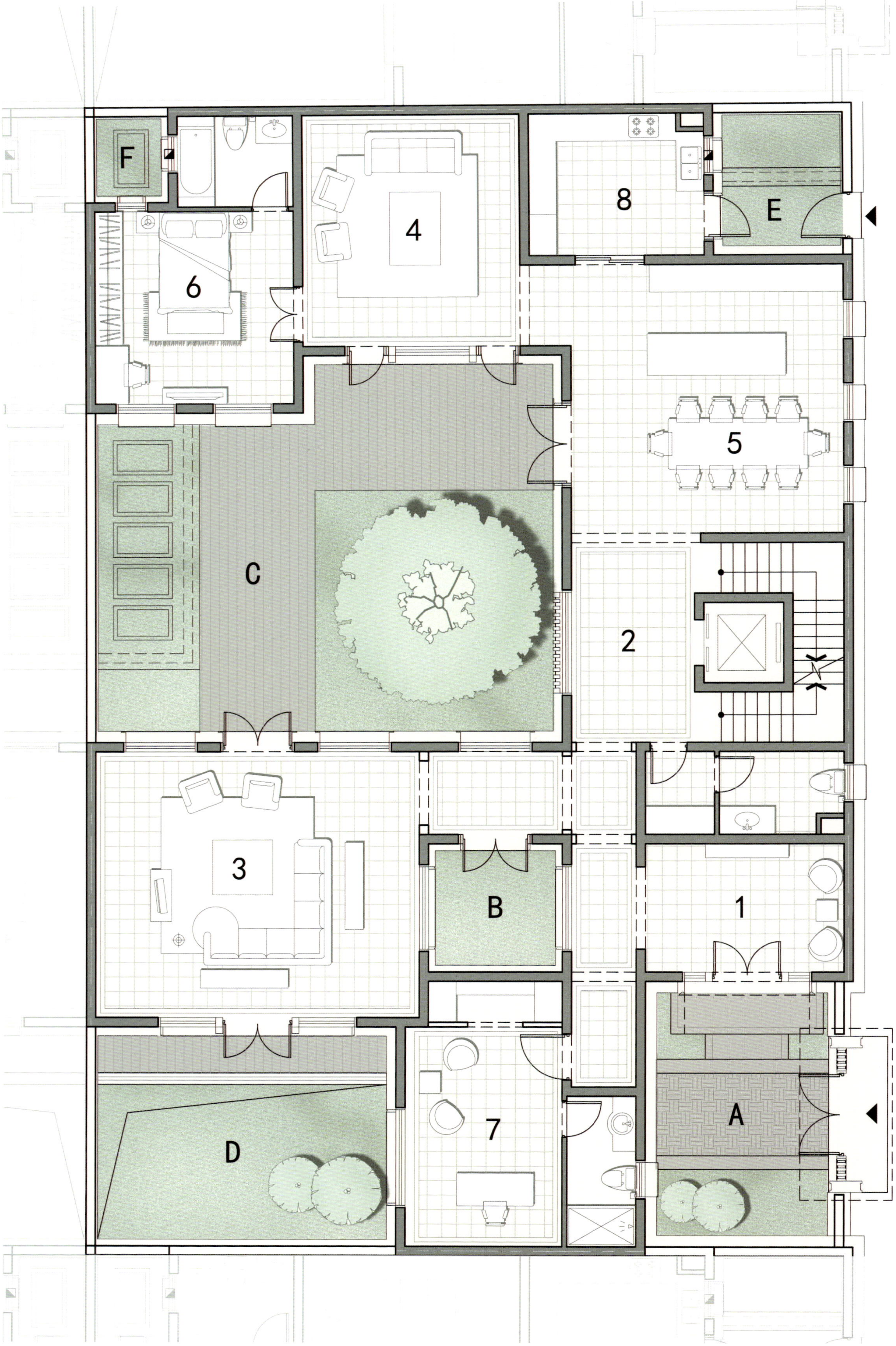

1、玄关
2、电梯厅
3、客厅
4、家庭活动室
5、餐厅
6、客房
7、内阁
8、厨房

A、入口庭院
B、展示庭院
C、中心庭院
D、平地窑
E、服务庭院
F、光院

▶ 二层平面图

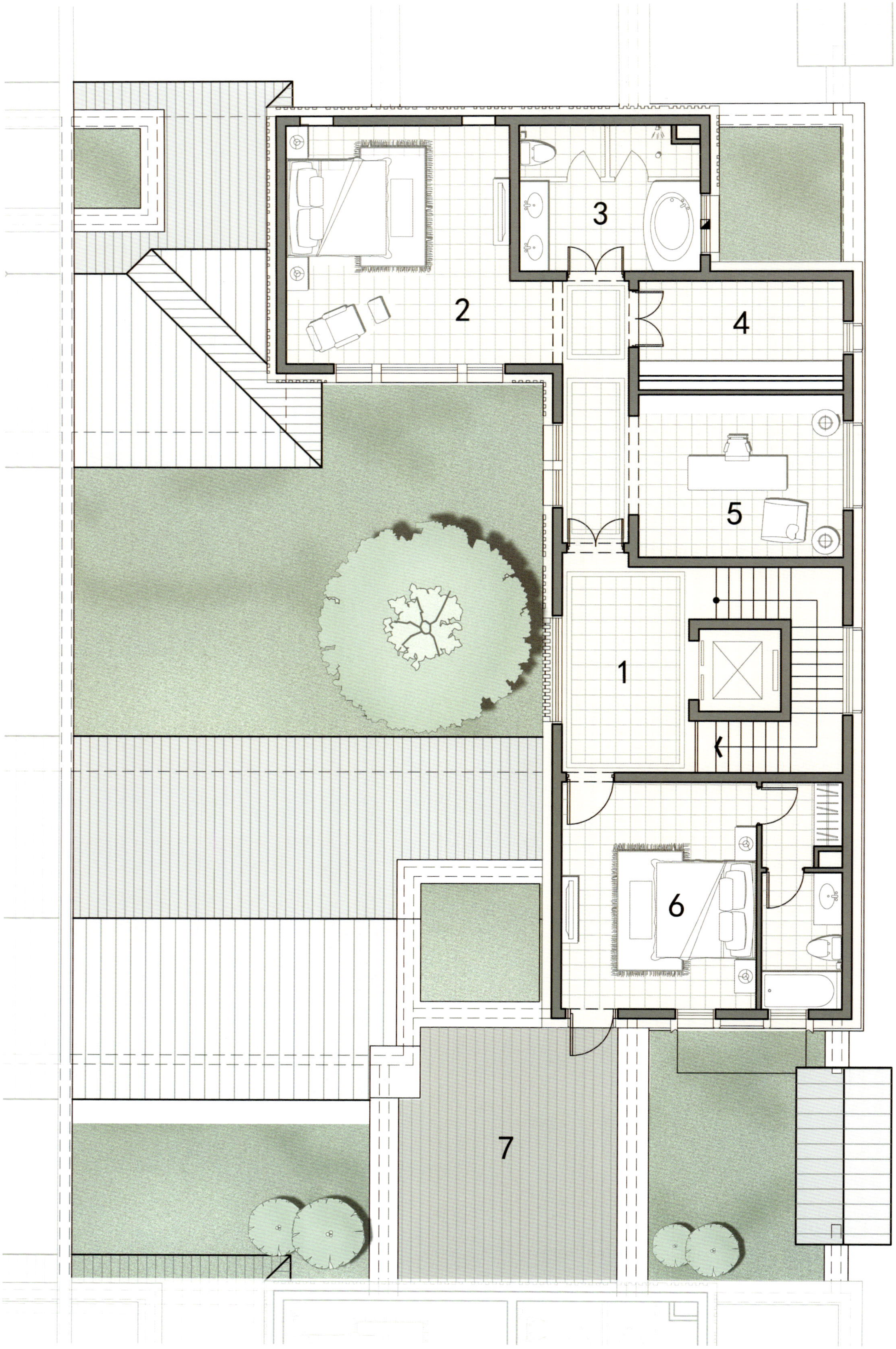

1、电梯厅　　3、主卫　　5、书房　　7、阳台
2、主卧　　4、衣帽间　　6、儿童房

# 满庭芳·四水归堂芳菲苑

## 杭州泛海钓鱼台酒店

**项目面积：** 34820m²（一期） 19767m²（二期） / **项目地址：** 杭州市江干区五星路65号
**建筑设计：** 英国ATKINS事务所 / **室内设计：** 香港郑中设计事务所（CCD） / **主创设计师：** 郑忠
**主要材料：** 天然木材、石材、金属、皮革、玻璃、布艺

钓鱼台品牌标识源于乾隆御笔“钓鱼台”。
每一座“钓鱼台”酒店，宾客都可以从无数个精心的细节组成的深刻而又美好的中国礼遇，
感受到品牌深厚的文化底蕴、开阔的视野和卓尔不群的品位。

杭州泛海钓鱼台酒店由两座塔楼以及塔楼中间的廊桥构成，塔楼与廊桥相连的中空位置削弱了建筑的体量感，为街区后排的高层建筑提供了通透的江景视野。“钓鱼台”的标识雕刻于中空廊桥的顶端，在高度个性化和尊贵的服务中传递钓鱼台酒店品牌的中国神与国际范。

### 大堂

酒店的首层大堂汲取来自中国皇家建筑中多运用的红色及代表尊贵地位的铜质元素，借鉴了中国庭院概念，蕴含了北京的四合院和徽派建筑的四水归堂的布局韵味。正面的正屋设置了全日餐厅，右侧是接待区，左侧是大堂休息区。高度近9米的中央藻井庭院空间，一座具有中国营造意韵的抽象高亭耸立其中，地面是取意于中国园林做法的黑色石材，四根实木柱子高高地撑起层层错落的高耸木构屋顶，灯光渲染出精细的木作与金属装饰细节。大堂中的深木色展架，陈设着主人周游世界的收藏品和喜欢的书籍。左右对称的高近4米的白玉月门分隔出东西配房：联通酒店接待区以及壁炉休息区。东配房是前台区，背景墙通高的漆画，题材选自南宋时期钱塘画家刘松年笔下的《青绿山水》。

### 餐厅

芳菲苑是酒店的全日餐厅兼大堂酒廊，共设有154个座位，天花采用瓷片的设计理念，沿窗布置的舒适沙发与家具，既保留了中式古典韵味，又兼具西式风格，有着东意西境之感。设有120座餐位的品聚杭州休闲中餐厅，采用老江南街巷为设计概念，开放式用餐区配以在空间中灵活设置的青石板、竹竿、老瓷片、做旧的榆木、素雅的棉麻，入画的山石等老杭州韵味的艺术品，天然的材质与原生态得到完美呈现。杭州厅又名18号别墅，取材于西湖十景浮雕图《曲院风荷苏堤春晓》的立体木刻浮雕透过高处窗格展现，透露出这座城市的幽远和文化的魅力。双层挑空高达8米，一盏精美造型吊灯位于中心，将整个空间点亮。

### 客房

酒店共有162间客房，其中91间可一览钱塘江景。60平方米起跳的客房面积，90平方米为主的房型，2~3楼的特色房更能将城市花园的风景看穿，床头一整面墙用皇家气质的色彩所渲染，清新脱俗。90平方米客房中，墙上的装饰画是整个空间的最大亮点，画作通过现代的技法来表现，体现中国神的当代韵味。

钓魚臺
DIAOYUTAI HOTEL
HANGZHOU
杭州泛海钓鱼台酒店

釣魚臺
DIAOYUTAI HOTEL

满庭芳

# 满庭芳·行云流水飞鸟悦

## 宁波金地风华大镜销售中心

**业主：**金地集团 / **项目地点：**宁波鄞州区广德湖南路与泰康西路交汇处
**设计单位：**上海高美室内设计有限公司
**主要材料：**格栅、玻璃幕墙、装饰块面、金属透空架、石材

宁波金地风华大境遵循时尚、传承文化、营造归属。
追求本源，回归本土，彰显高价值的新东方美学，尊崇本土舒居生活的源泉，
将外在的美学价值表现形式与内在的哲学价值表现形式融为一体，情致现代，意致东方！

宁波金地风华大境销售中心的建筑主体由一层的东西向主楼和二层的南北向金属框架交错而成，在建筑周围有限的空间内布置叠山理水，栽植花木，配置碑石等来反映古典的文化意识和审美情趣。金属框架中隐匿着实体样板房与两重园景，保持了建筑主体风格的简洁统一，也使参观动线在充满诗情画意的氛围中行进。整个空间布局有开有阖，建筑与水景互为阴阳，藏风聚气暗含风水，释放了场地环境的最大优势。

设计上通过形体的穿插及与景观的融合形成虚实相套的多层次空间。从入口强烈仪式感的庭院转到山水主题的售楼区，再通过核心的景观内院转向别墅样板房，行进流线中通过多层次循序渐进的视觉洗礼，唤醒每一个参观者深藏于内心的东方情结。白色石材勾勒出简洁大气的建筑入口，宽阔的镜面水池充盈视野，倒影深深，宛若立于水中；再辅以暖调灯光的烘托，展现了建筑入口“纯净、简约、静谧”的空间意境。

作为对风华系列情致现代意至东方设计理念的一种诠释，以水墨山水作为设计灵魂，以幕墙构件的错落韵律作为媒介，展示的不仅是精心设计的家园，还是一份深深的独具归属感的东方情怀。销售中心的室内设计主题为湿地公园的“生态、自然”，以飞鸟作为切入点，在天花上以利用格栅幻化为行云流水，成百上千只以鸟为原型演变而来的金属装饰片欢快地飞向天空，块面化的处理既能与整个空间相协调，又凸显中心感。

设计中将整个空间的一面有意识地做重点装饰，从室内的装饰处理到室外的景观营造都是一气呵成，室内室外无缝衔接；金属格栅的形式简洁而不失细节，通过金属格栅的色彩，有意地把这个装饰面的色彩压深，形成整个空间的陪衬，把中心区域更加凸显出来。

借助飞鸟及行云流水这样一个非常有东方意境的概念，结合建筑的山水轮廓，室内设计在界面处理的形式上大量地采用了绢丝喷绘山峰图案的处理手法。考虑到售楼处空间较为通透，且端部为一透明玻璃幕墙的情况，设计上采用中式园林框景及移步换景的处理手法，以多幅巨型金属透空架的形式，将室外的景观处理成一幅幅天然的画卷。

金地·風華大境

► 一层平面图

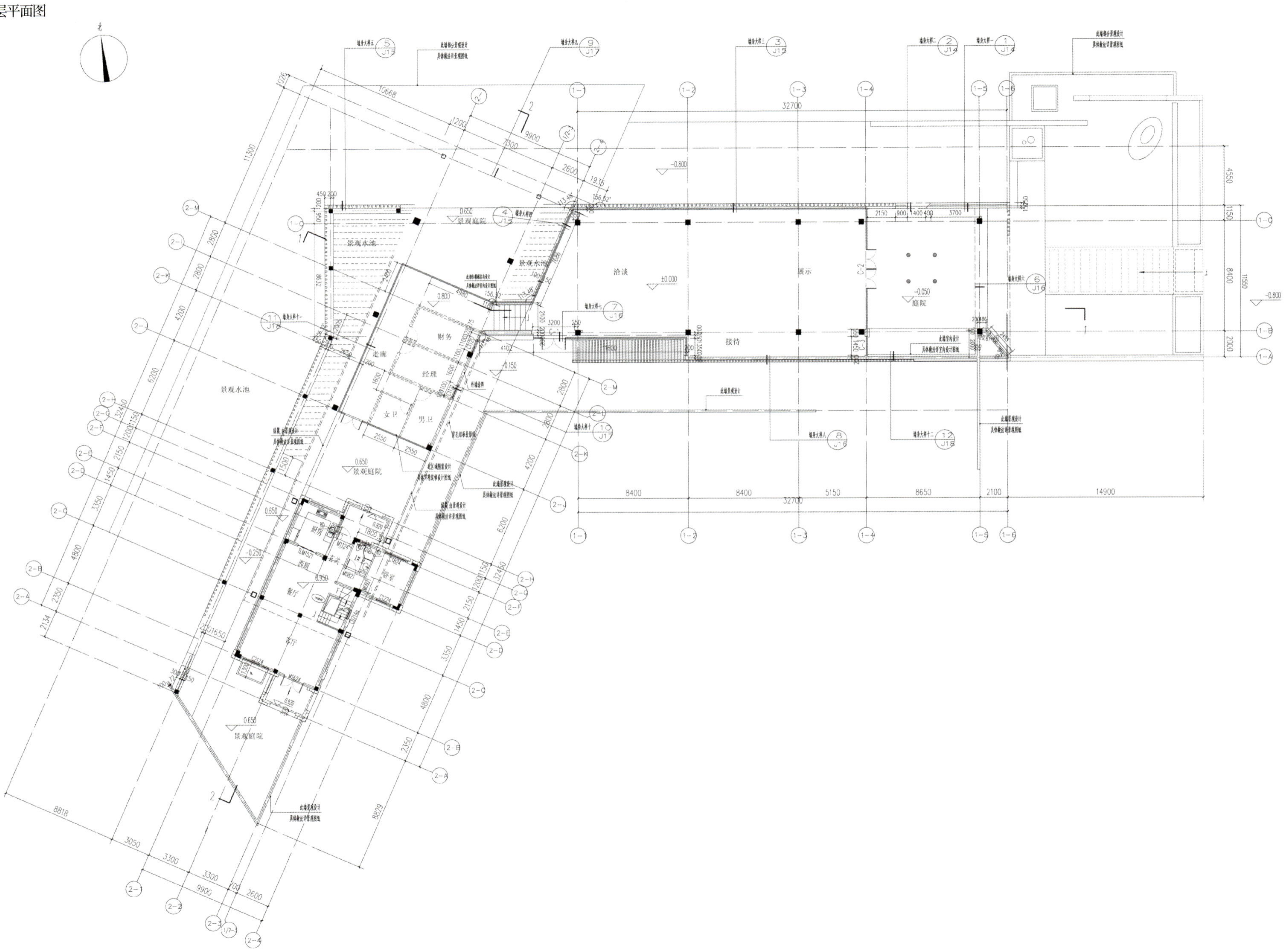

▶ 一层剖面图

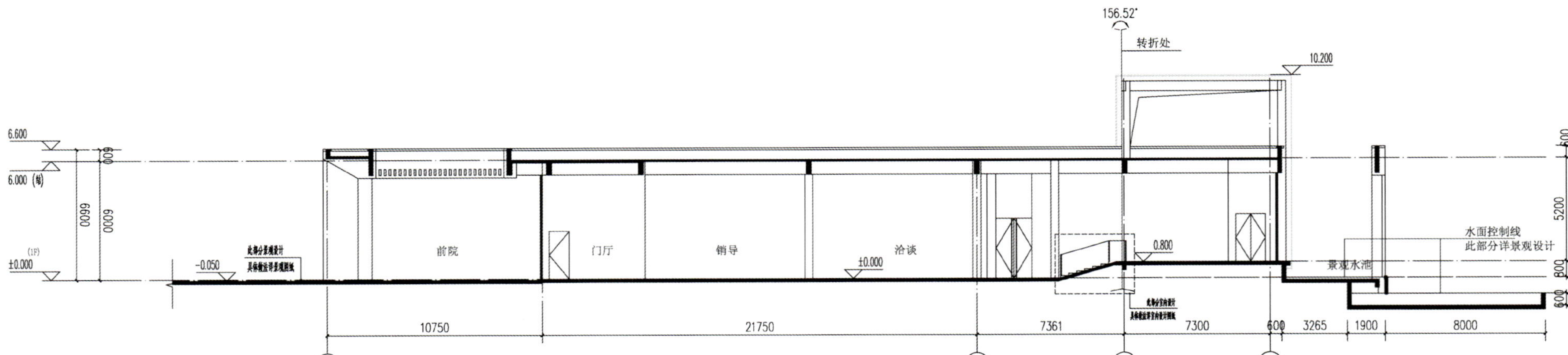


1-1剖面图 1:150

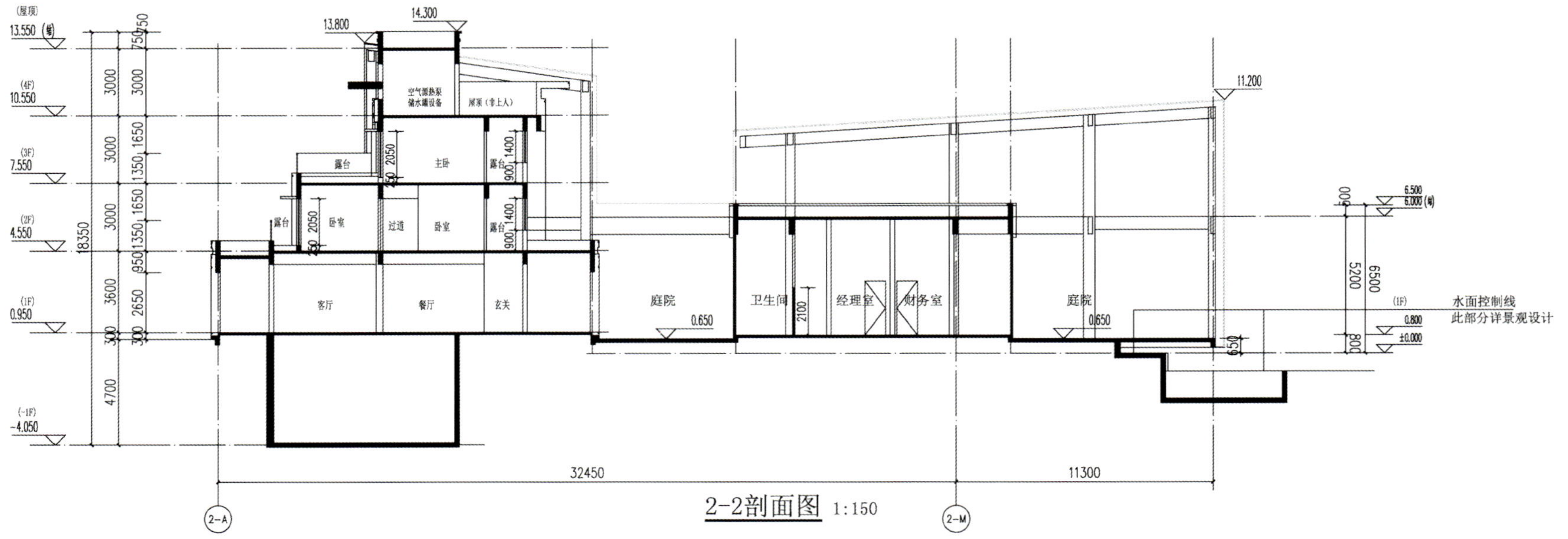


2-2剖面图 1:150

# 满庭芳 · 藏雅藏风藏逸志

## 宁波金地风华大境样板房

**项目面积：** 194m²
**项目地点：** 宁波鄞州区广德湖南路与泰康西路交汇处

宁波金地风华大境坚守中国文化之道，
把更赋时尚、文化的东方符号，呈现在样板房中，
其带来的那种更时尚的东方美学、更文化的舒居体验，
每一处设计，都将那记忆中江南水乡的生活场景生动再现。

宁波金地风华大境的联排样板房采用五园三开间的设计：多重立体庭院，南北庭院双入户，层荫环绕，轻启门扉，邂逅风华，南向超大空中庭院，制造更多自然情趣空间；顶层大气套房，部分带双露台，彰显主人品味追求；约5米层高地下室，不再压抑，享受更多的空间可能。

样板房采用L型布局，缔造难得横向三开间，约9.9米面宽，超越传统排屋约7米面宽，仅客厅面宽就达到约7.6米。这种创新，不仅大幅提升了空间尺度感，更让二层实现5个功能空间的布局可能。L型的创新还带来更多的庭院。南北花园、空中露台，立体化的五重庭院，层层自然相伴，制造更多自然情趣空间。风华大境创新约5米的挑高私人静室，超50㎡地下空间，轻松收放志趣雅好；超大采光井，煮水品茗，阳光和自然相伴风雅；藏雅，藏风，藏逸志，一扫我们对传统排屋地下空间的印象。

在装饰设计上，宁波金地风华大境的联排样板房延续售楼处的装饰风格，综合考量其空间特征及展示效果，样板房比售楼处更奢华，以迎合访客对更高生活品质的追求。

空间上，通过局部挑空的处理手法，凸显空间挺拔的独特优势；块面化的墙面组织使整个空间看起来丰富而不凌乱。整个空间采用米灰色系，大量使用了丝质的壁纸，在局部使用的刺绣壁纸和真丝手绘壁纸将样板房的整体奢华度提高了许多。深色的金属线条勾勒出空间的不同层次。

地下室空间通过二次优化，增加了使用面积，同时形成对比，使得空间层次更加丰富，整面的柜体处理，带来了视觉上的震撼，达到促进销售的目的。

总的说来，本项目以新东方风格，结合项目自身的优势点展开设计，通过对东方元素及文化的演变和演绎，打造出了一个没有具体东方形式，但有东方气质的产品。

▶ 地下层装修效果示意图

▶ 一层装修效果示意图

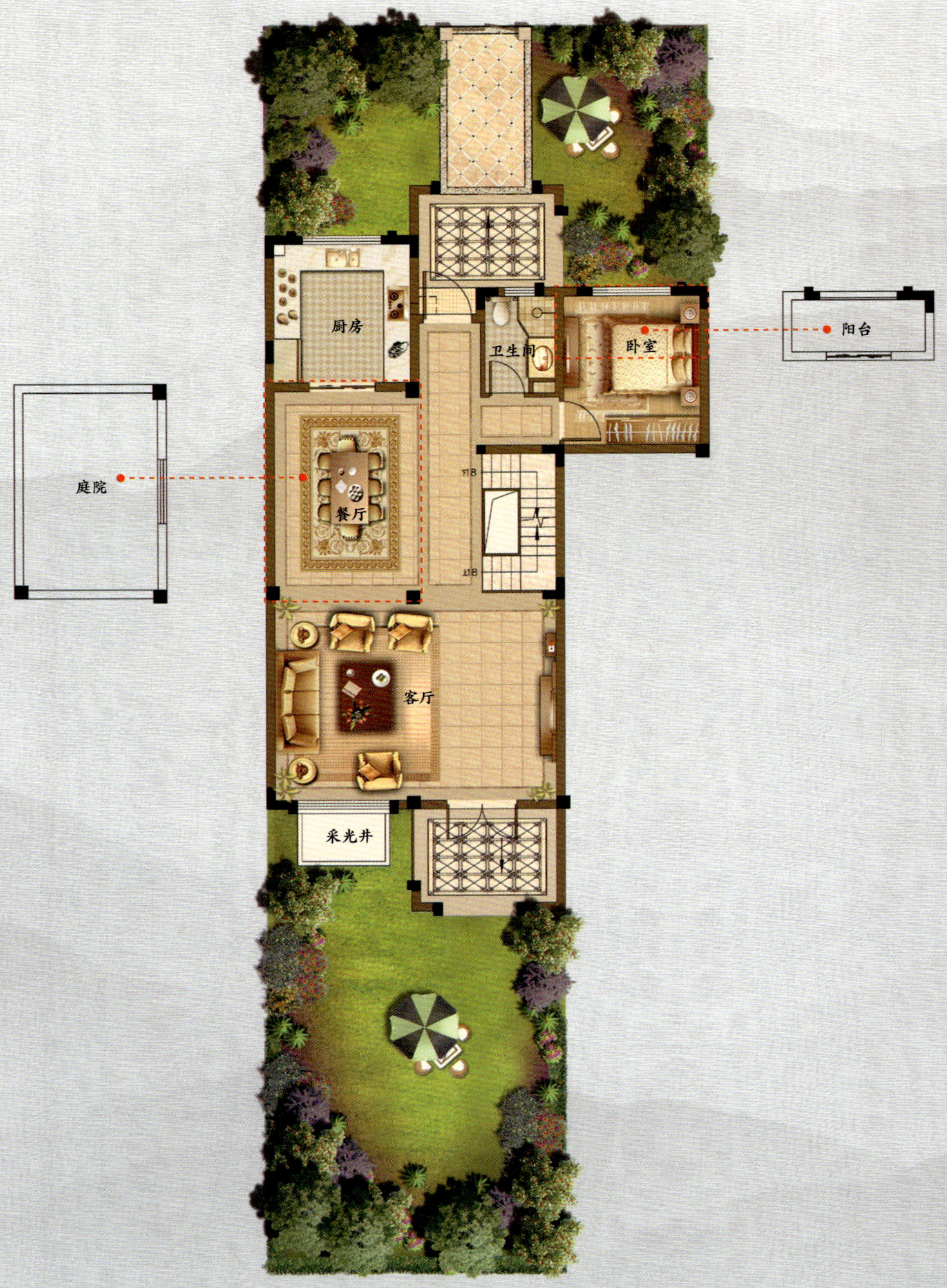

▶ 二层装修效果示意图

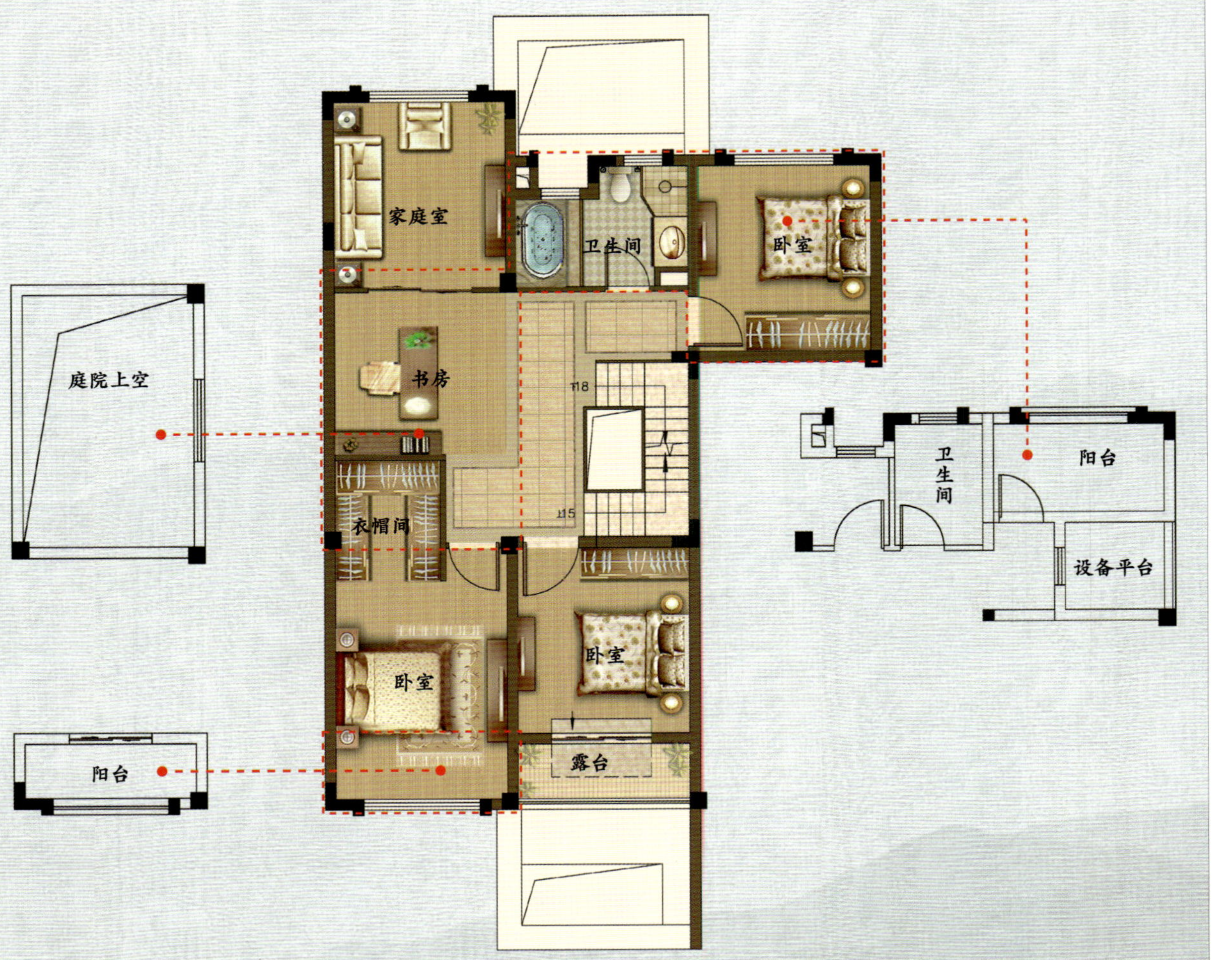

M
Y

▶ 三层装修效果示意图

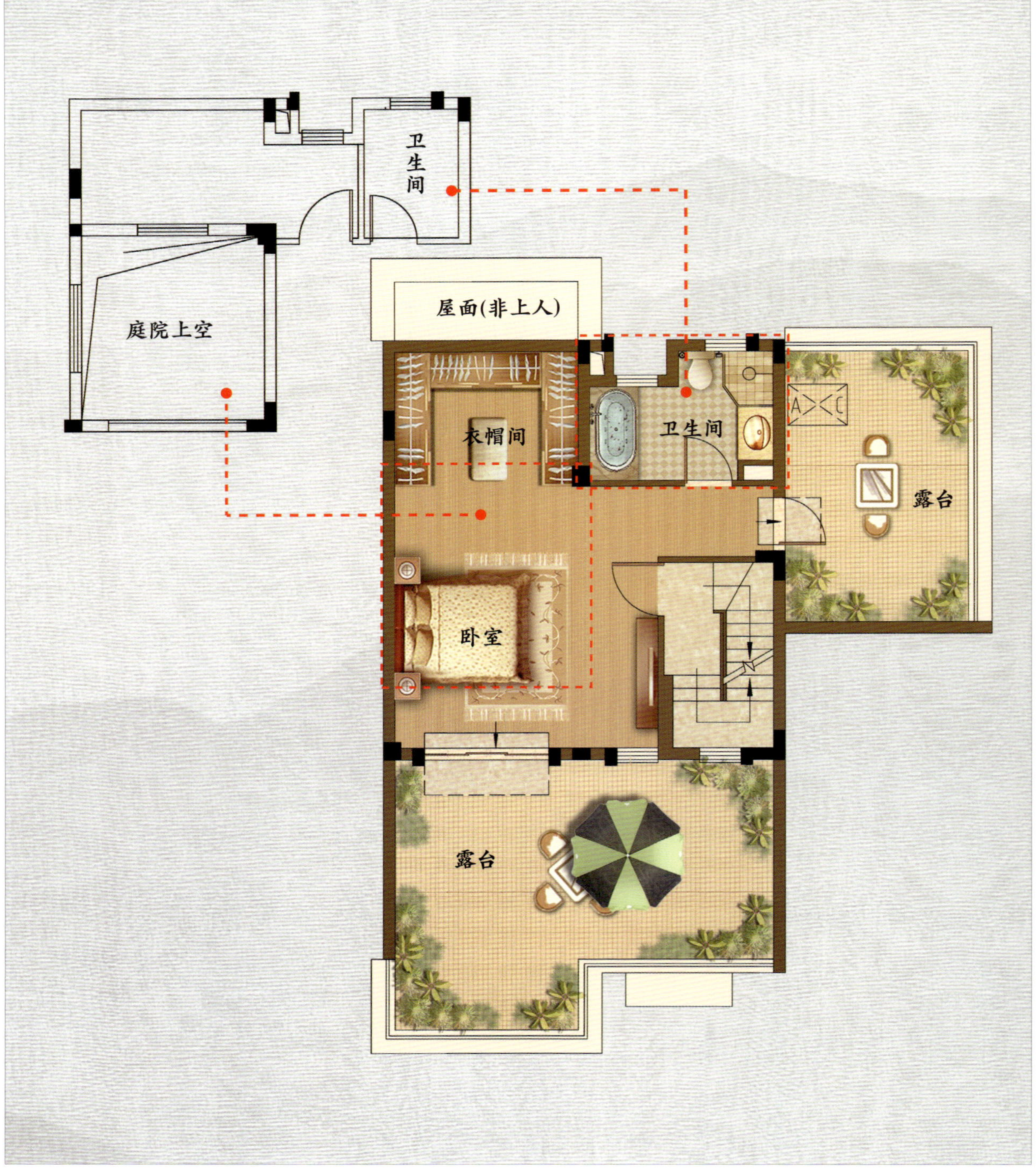

# 满庭芳·摩登水墨山水间

## 宁波中梁·海曙壹号院洋房样板房

**业主**：中梁地产 / **项目地址**：宁波市海曙区蓝天路与机场路交汇处 /
**占地面积**：65418 m² / **总建筑面积**：209812.16 m² / **户型面积**：127m²
**主要材料**：棉麻、丝质、黄铜、橡木、大理石

宁波中梁·海曙壹号院采用尊贵的新亚洲建筑风格，
以稀缺的低密洋房院落还原宁波人骨子里的“院落情结”。
其示范区的设计融合了宁波的建筑文化特色，
打造一个既具宁波传统特色又极具现代城市风格的高端样板示范区。

宁波中梁·海曙壹号院洋房，129平方米的户型为四房二厅二卫设计，满足三口之家的改善性需求。整体户型方正适用，南北通透，超大面宽短进深，附加值超高，得房率高达95%。主次卧都集中在南面且由客厅自然分割，布局合理，动静分离，私密性强不相互干扰。客厅、餐厅、厨房一体化设计，外连南向大阳台，最大面宽达到7.5米，开阔大气，既享有良好的采光和通风，也是家人休闲放松的小天地。

### 客厅

以中国传统文化作为背景，营造极富中国浪漫情调的生活空间。家具造型简约，跳脱出中式风格的传统印象，融合了现代风格元素，采用棉麻、胡桃木、金属、皮革等材质，与香道饰品完美融合。地毯图案来自对山水的抽象与分层处理，若有若无地铺陈在地面。这些元素形成了冷暖、轻重、古今的对比与呼应，在厚重的文人气息中跳跃着生动雅致的生活情趣。

### 餐厅

大气通透设计的兼顾了文人情怀。在水墨色的基调中，设计师别出心裁地以写意山水装置画来装饰背景墙，赋予中式风格新的时代生命。气派的实木长桌搭配定制中式线条餐椅与茶道，烘托出整个空间的禅意氛围。

### 主卧

以水墨色为主基调，搭配靛蓝与黎色，与原木纹理的家具共同呈现出雅致的氛围。设计师还将山水和月光竹林的隐士意境引入背景墙中，寓无限意境于有限的景物之中，给人心灵以抚慰与安宁。整体的家具风格透露出主人对中国传统文化新的思考，用或重或轻的写意水墨表达出对中国传统的新定义。

### 书房

设计师娴熟地将中式经典元素具象成材质与色彩，让光与禅韵融合为一。金色曲线搭配沉稳实木桌面的书桌，与书架与挂画一起为空间增添沉稳内敛的人文氛围。空间饰品体现出东方皇家制式的当代化运用，为贯穿空间的东方美学元素融入当代摩登气息。

► 129平方米洋房平面图

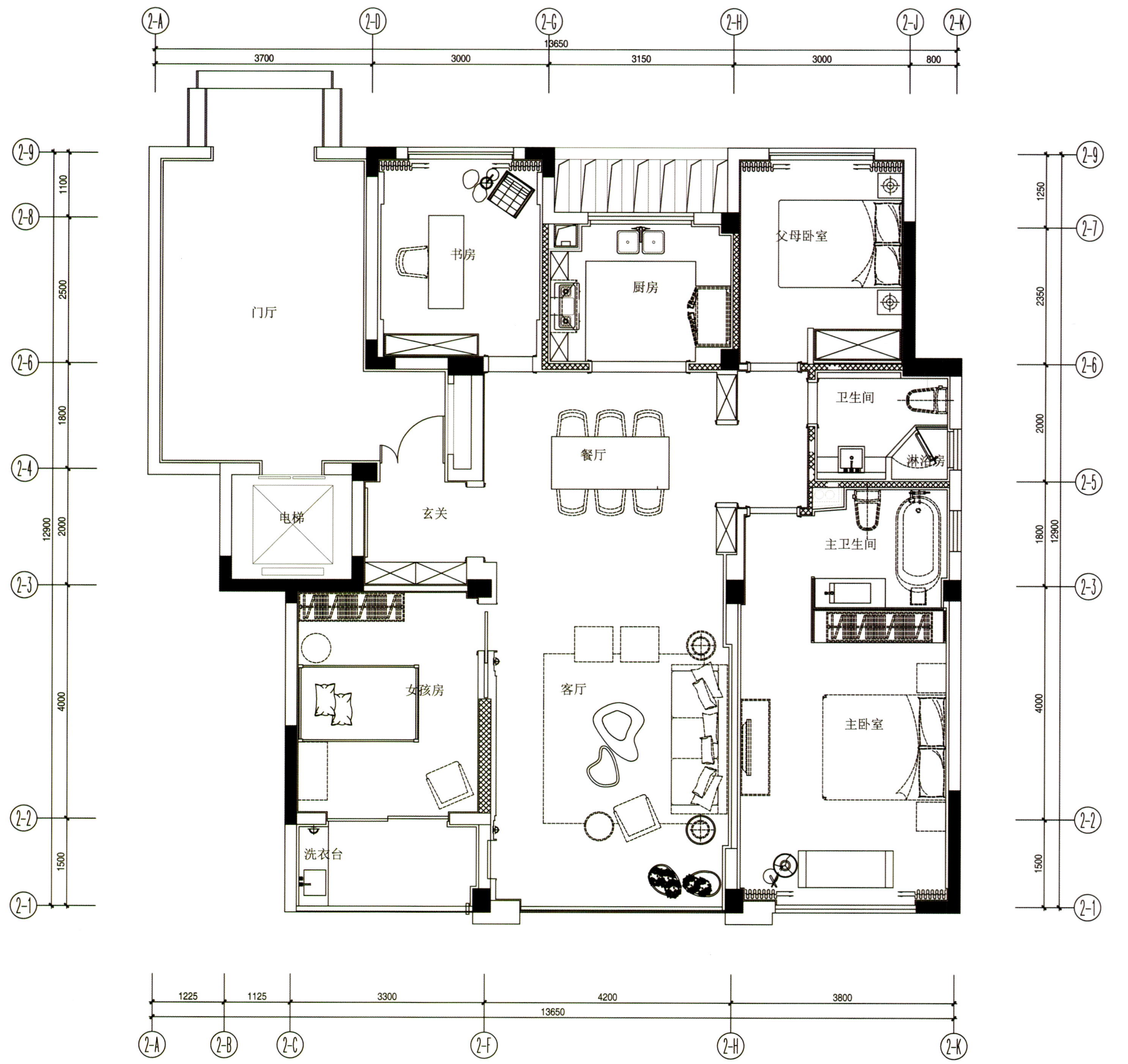

满庭芳

# 满庭芳 · 静谧禅灵动

## 上海建发中央公园销售中心

**项目面积：**18902m² / **项目地址：**上海杨浦公园东侧
**主创设计师：**梁景华 / **摄影师：**鲍世望
**主要材料：**木材、石材、灯带、雕塑

设计师在建发中央公园销售中心的设计上保留了传统中式文化，
再以现代的设计手法重新演绎成新东方风格，
用“禅”为故事内容，以静修和寂静的感觉为设计概念，
用水、云、古、宫演变出不同的设计造型，丰富“禅”的内容。

上海建发中央公园销售中心的空间注入了中式元素的古典意蕴，木材与石材的糅合，形成温暖柔和的棕色色调。用线条拼凑成的屏风，大堂地面铺着浅棕色纹理的石材，别样纹理的石材以不规则的方式犹如河川延伸流向两侧；简朴的挂墙灯配以通花纹带出传统韵味；天花设计简朴，舍弃吊灯装饰，换上圆形的暗藏灯带，意中玄禅悦人生；配合各种中式艺术陈设，形造禅意和静谧的氛围，让空间立于纷繁而静于内心；灯带渗出的柔和光线，配上一缕烟云的吊灯作点缀，再摆放中式雕塑作为装饰，更显空间的典雅庄重。

空间以沉稳优雅的色调打造，对称平衡的视觉设计，线条勾画出葫芦于细节中作点缀；水滴形的吊灯沿着天花垂吊到茶艺区上方，散发着东方的含蓄婉约情调。家具以简单中式线条设计，包含了中式雕刻通花和山水画的元素，细节上更加讲究，突显了空间的文化性。

云水禅心，享受写意生活，采用中国传统艺术的对称均衡，端正稳健；设计师为客户提供休闲、娱乐及有文化涵养的场所，传统中式风格，挑高、大气、明亮，通透而敞亮。用沉稳色系打造宁静舒心的休憩空间，让客人放松身心；除去奢华的装饰，特色的墙身及艺术摆设自然地表达出传统文化中的精髓；天花渗出的灯光给空间室增添几分暖意，精巧的家具摆设和雅致的挂画，使整个空间在浓浓古韵中流露出几许现代气息。

四周的艺术设置，象征一种精致的追求，崇尚简朴而不粗糙，打造含蓄秀美的空间；木材上精雕细琢深刻纹理，提升立体感、层次感；墙上简单的挂灯以优美的曲线排列；设计师将纯粹的传统元素堆砌出静谧，在不同的灯光设计与艺术元素衬托下，修身养性的生活就在这个会所中一一体验。

▶ 一层平面图

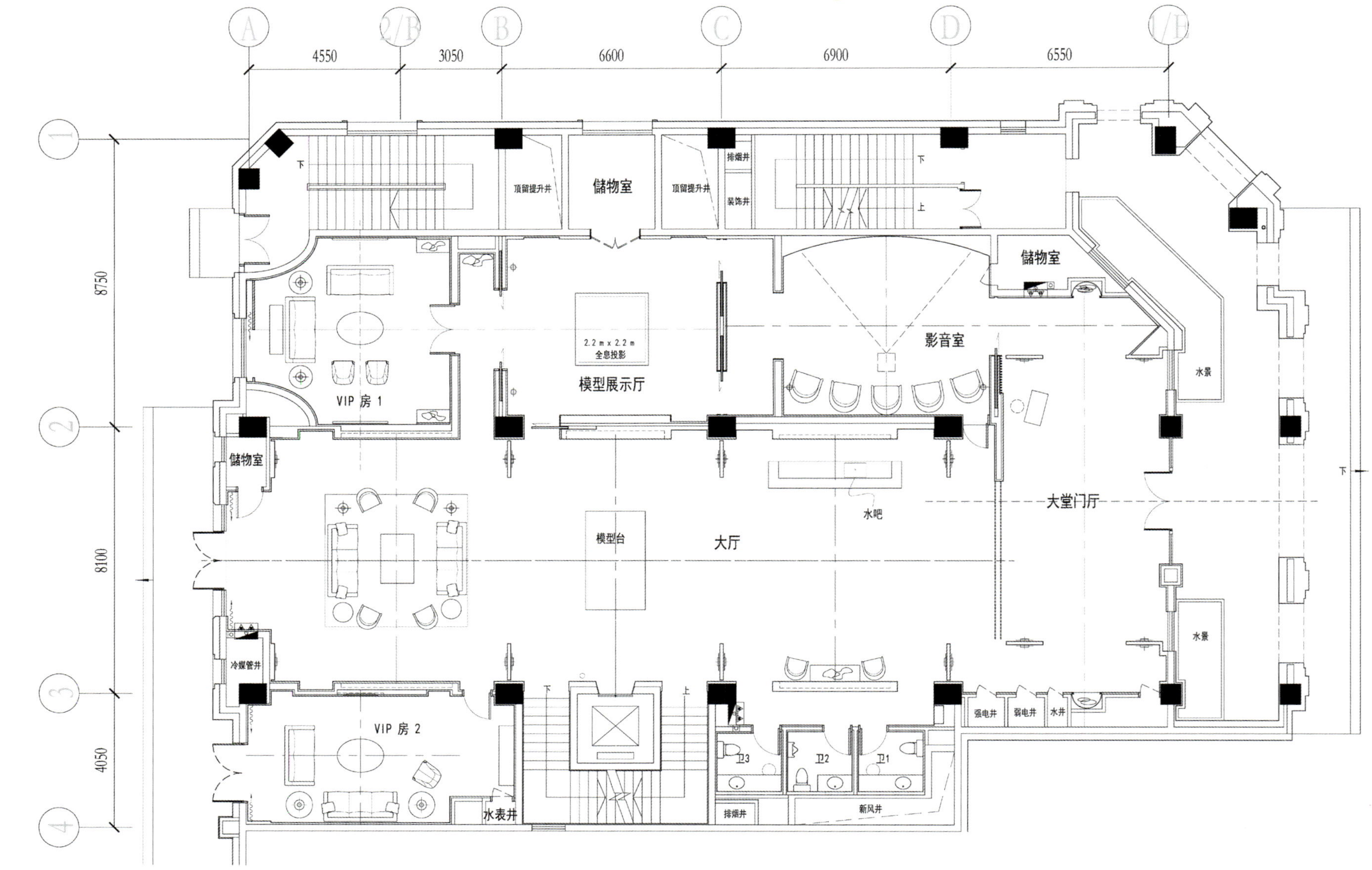

A
B
C
D
4550
3050
6600
6900
6550
1
2
3
4
8750
8100
4050
下
上
顶留提升井
储物室
排烟井
装饰井
2.2m x 2.2m
全息投影
模型展示厅
影音室
VIP 房 1
储物室
水景
大堂门厅
水吧
模型台
大厅
冷媒管井
VIP 房 2
卫3
卫2
卫1
强电井
弱电井
水井
水表井
排烟井
新风井

► 负一层平面图

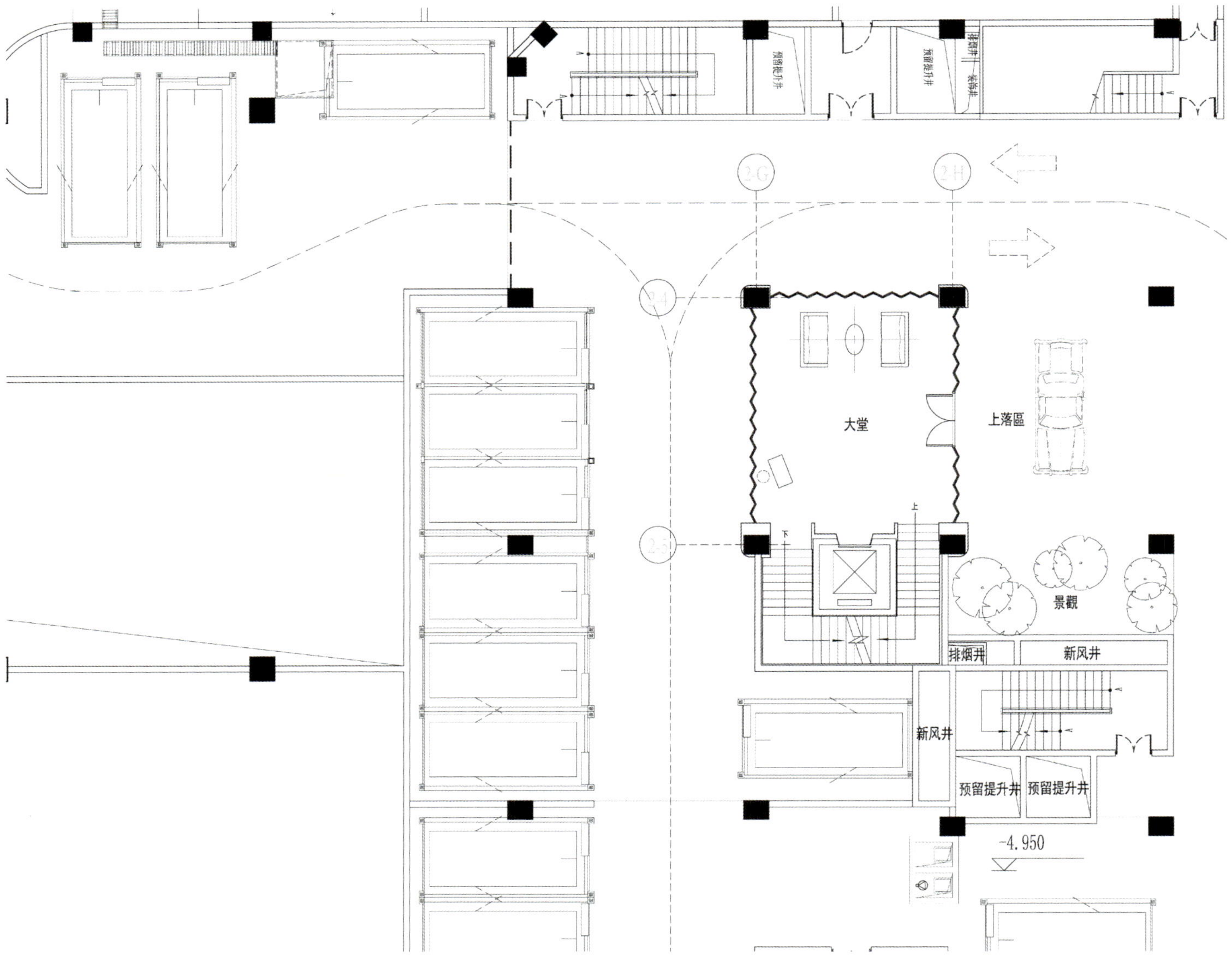

► 负二层平面图

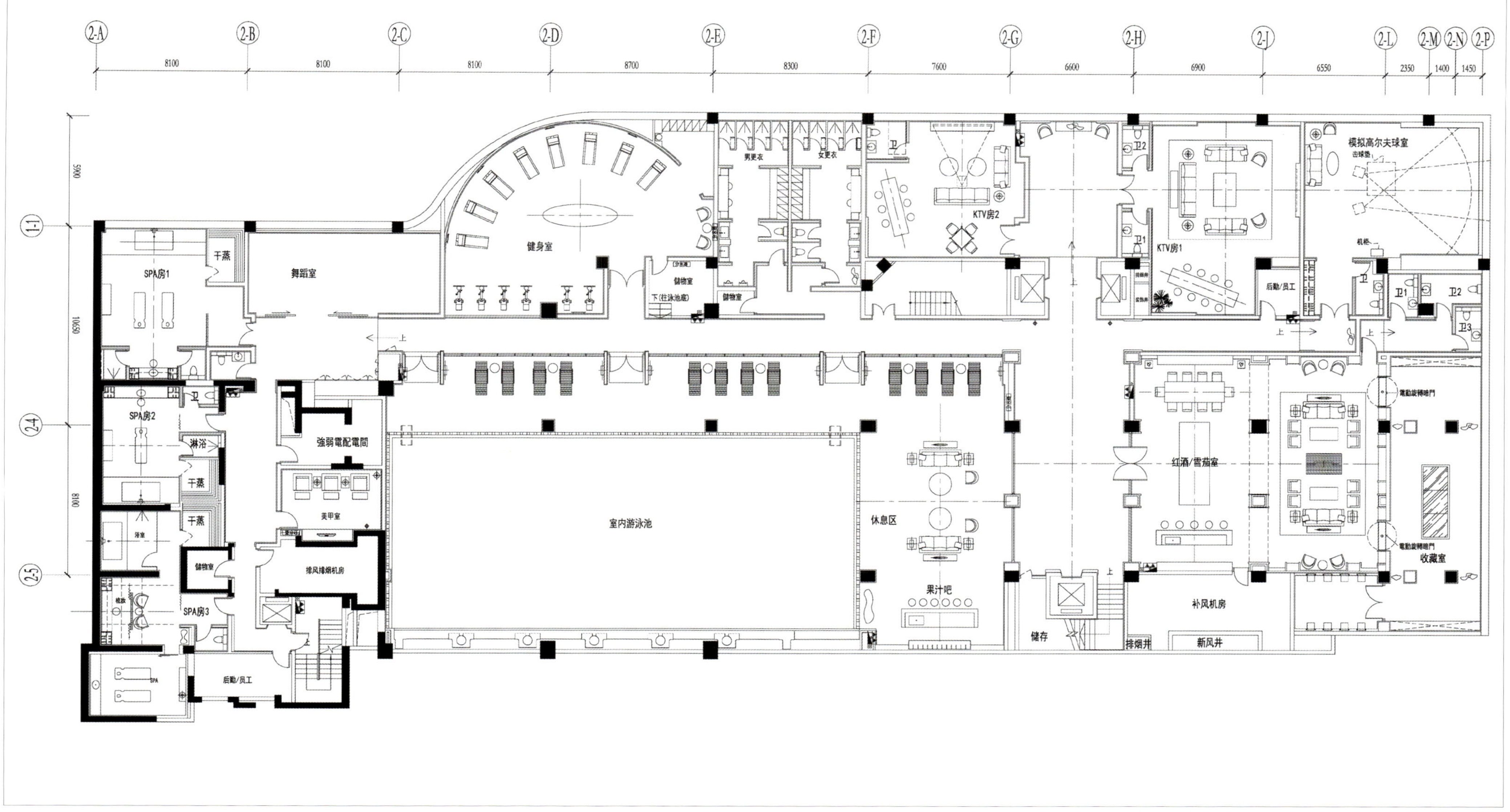
SPA房1
干蒸
舞蹈室
健身室
KTV房2
KTV房1
模拟高尔夫球室
后勤/员工
SPA房2
淋浴
强弱電配電間
美甲室
排风排烟机房
SPA房3
室内游泳池
休息区
果汁吧
红酒/雪茄室
补风机房
储存
排烟井
新风井
收藏室

# 满庭芳 · 江南山秀新苏式

## 苏州北辰旭辉壹号院售楼中心

**项目面积：** 26000$m^2$ / **项目地点：** 苏州新区白马涧风景区域 / **业主：** 旭辉控股（苏州）有限公司
**设计公司：** 深圳市尚石设计有限公司
**主要材料：** 清玻玻璃、木纹铝板、原木、吊灯、棉麻、皮革、水晶、铜

北辰旭辉壹号院以苏式园林文化为底蕴和创作基调，
提炼“江南山秀”为表现的文化符号，以现代风格为基调，
结合传统苏式、徽派民居特色，
采用兼容并蓄的手法，开创现代与传统相融且又独具江南韵味的新苏式一派。

壹号院的建筑设计通过对比例、形体关系、色彩和材料等的控制，对传统建筑构造和建造方式进行研究和演绎，在立面形态上营造出传统中式建筑的意向和联想，同时避免过多的符号和复杂手法。青砖黛瓦，白墙木构，就地取材，呈现出材料的原始机理。

售楼中心位于用地红线内小区主入口西侧，整体呈“L”形。建筑主入口有三株原生槐树，设计中将其保留并使之成为建筑景观共生的一部分，为此三易其稿。坡屋顶采用折板的处理手法，使整体富于变化。西侧设置了大挑檐屋面，结合下方的木质平台，形成宽阔的半室外空间。木纹铝板的檩条造型，由室外贯穿至室内，结合高透光的清玻玻璃幕墙，打破了空间界限，使建筑、景观、室内融为一体，体现出强烈的东方建筑和园林之美。

售楼中心的室内设计在原生态的建筑表现形式的基础上，以中式特有的移步换景的布局手法，采用中式传统文化题材，以原木、山脊、流水为主要线索贯穿空间，前厅艺术吊灯以古典建筑的梁椽结构为原型，大堂装饰吊灯以漂浮的云朵为设计原型，木的张力、云的婉绵都是对原生到新生的全新定义。

在空间布局上打开大合，整个动线明朗有序，采用一步一景，步移景生的表达手法，引人入胜，渐入佳境。在内饰的选择上以木为主，棉麻、皮质、水晶等元素相互碰撞，以铜的质感提亮空间。传递一种自然而然的尊贵感，营造时尚与自然完美结合的同时兼备现代与传统禅意融合的缩影，更是凌空于都会的避世胜地。

▶ 一层平面布置图

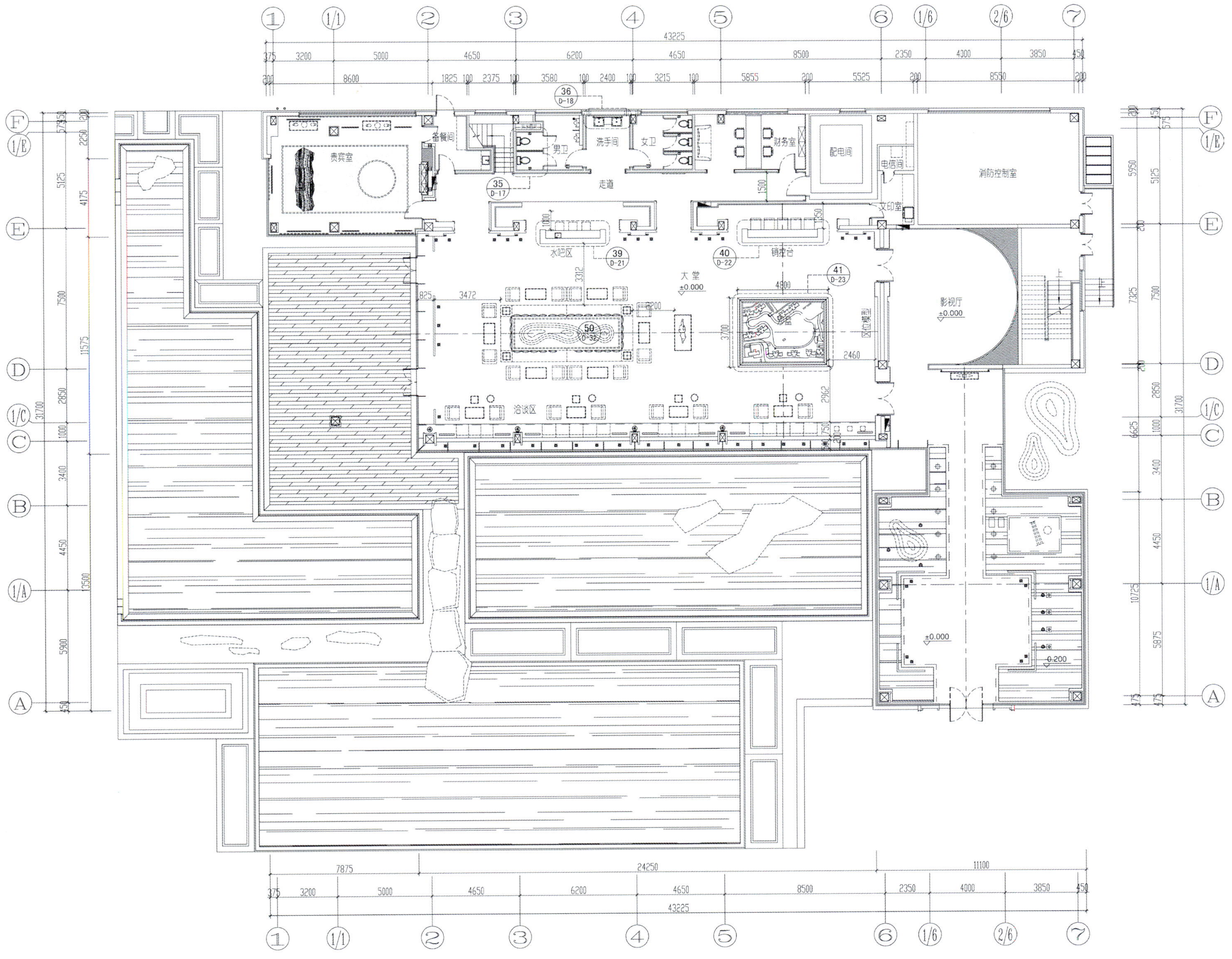
贵宾室
备餐间
男卫
洗手间
女卫
财务室
配电间
电信间
消防控制室
走道
文印室
水吧区
销控台
大堂
±0.000
影视厅
±0.000
洽谈区
43225

风水顶桥

▶ 一层大堂立面图

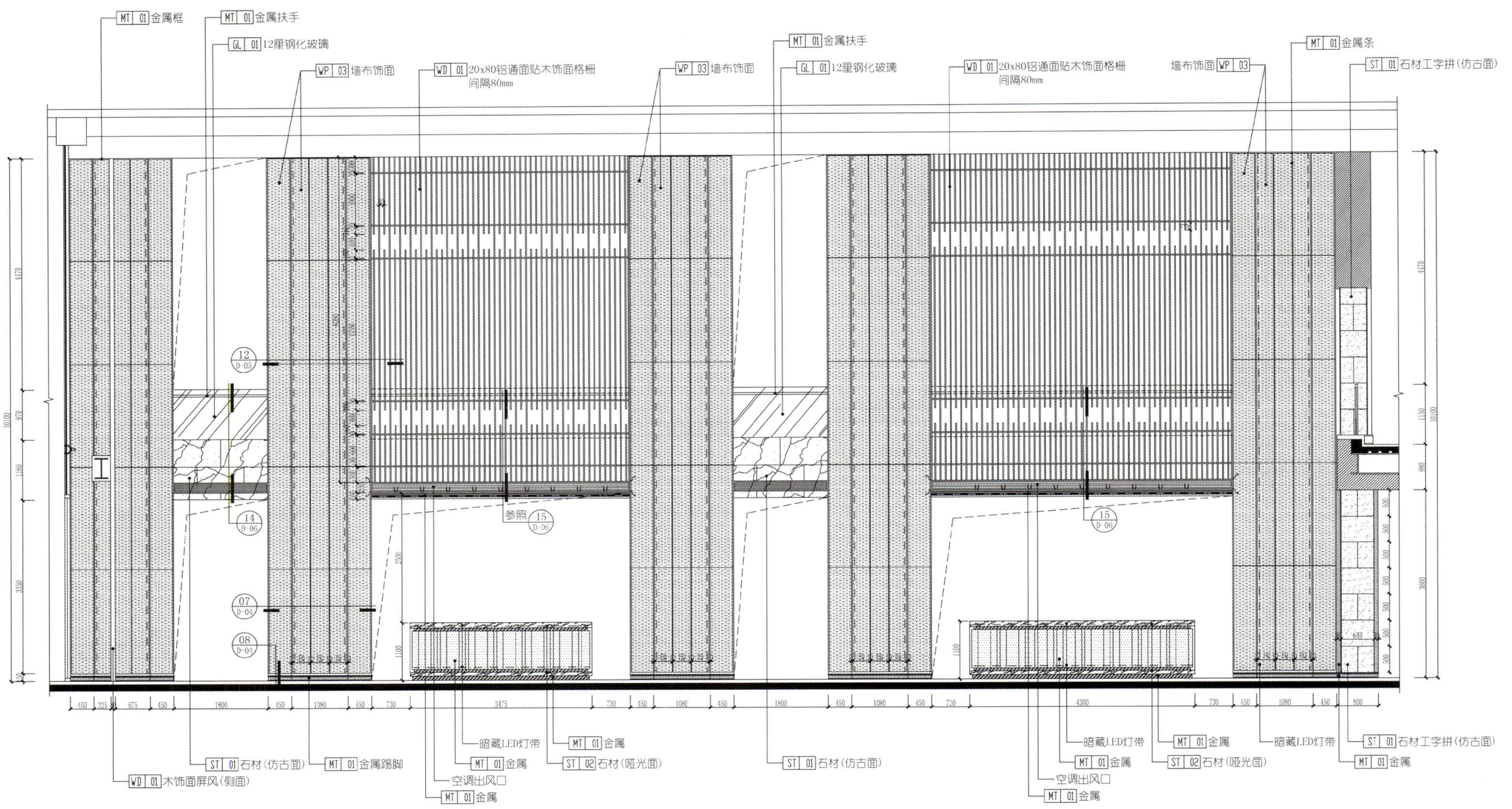
MT 01 金属框
MT 01 金属扶手
GL 01 12厘钢化玻璃
WP 03 墙布饰面
WD 01 20x80铝通面贴木饰面格栅
间隔80mm
WP 03 墙布饰面
MT 01 金属扶手
GL 01 12厘钢化玻璃
WD 01 20x80铝通面贴木饰面格栅
间隔80mm
墙布饰面 WP 03
MT 01 金属条
ST 01 石材工字拼(仿古面)
参照
暗藏LED灯带
MT 01 金属
ST 01 石材(仿古面)
MT 01 金属踢脚
MT 01 金属
ST 02 石材(哑光面)
WD 01 木饰面屏风(侧面)
空调出风口
MT 01 金属
ST 01 石材(仿古面)
暗藏LED灯带
MT 01 金属
MT 01 金属
ST 02 石材(哑光面)
空调出风口
MT 01 金属
暗藏LED灯带
ST 01 石材工字拼(仿古面)
MT 01 金属

► 一层贵宾室立面图

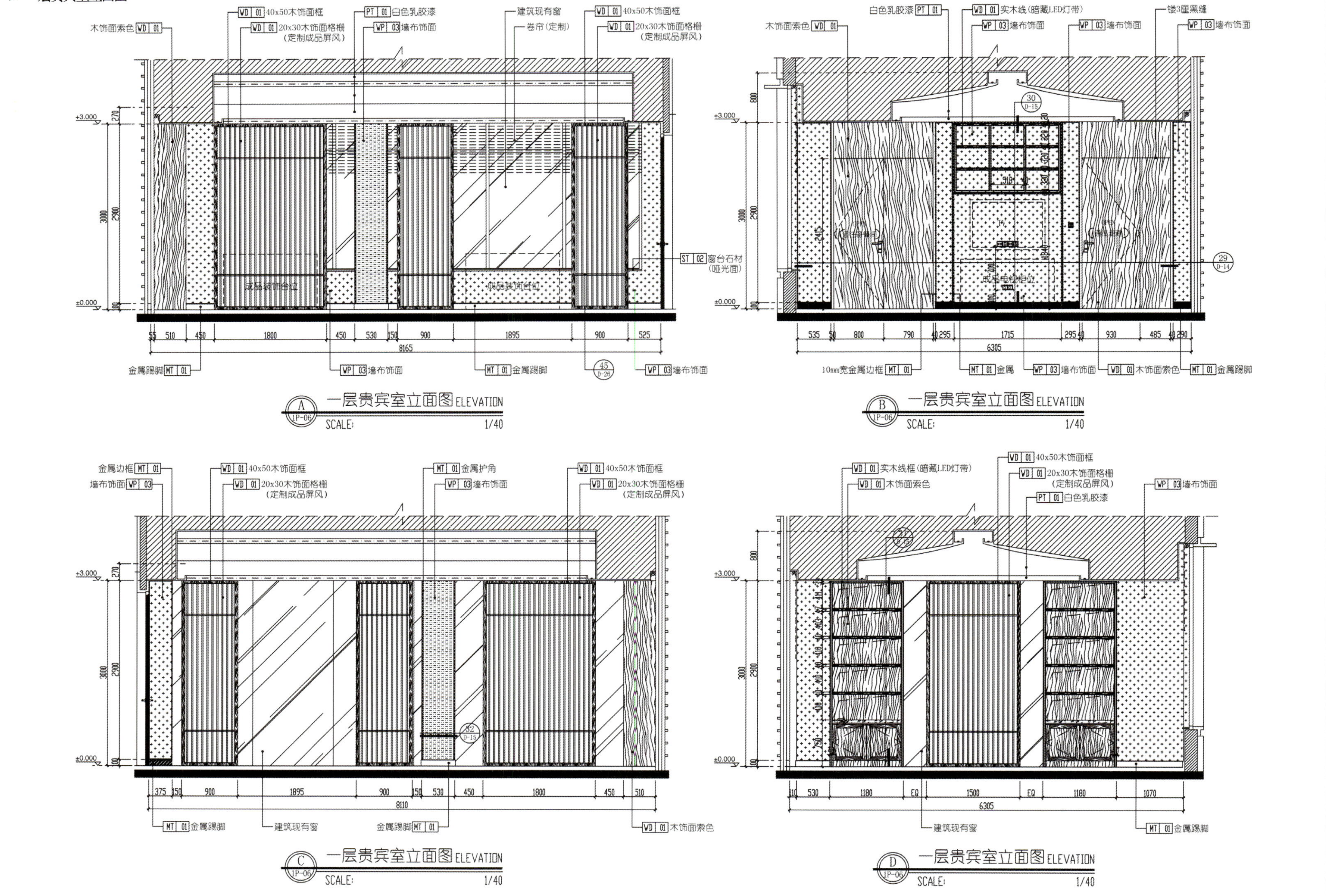
木饰面索色 WD 01
WD 01 40x50木饰面框
WD 01 20x30木饰面格栅（定制成品屏风）
PT 01 白色乳胶漆
WP 03 墙布饰面
建筑现有窗
卷帘（定制）
ST 02 窗台石材（哑光面）
金属踢脚 MT 01
MT 01 金属踢脚
WP 03 墙布饰面
A 一层贵宾室立面图 ELEVATION
SCALE: 1/40
白色乳胶漆 PT 01
WD 01 实木线（暗藏LED灯带）
镂3厘黑缝
10mm宽金属边框 MT 01
MT 01 金属
WD 01 木饰面索色
B 一层贵宾室立面图 ELEVATION
SCALE: 1/40
金属边框 MT 01
墙布饰面 WP 03
MT 01 金属护角
建筑现有窗
金属踢脚 MT 01
WD 01 木饰面索色
C 一层贵宾室立面图 ELEVATION
SCALE: 1/40
WD 01 实木线框（暗藏LED灯带）
WD 01 木饰面索色
PT 01 白色乳胶漆
D 一层贵宾室立面图 ELEVATION
SCALE: 1/40

# 满庭芳·科技共山水一色

## 东莞翡翠松山湖滨湖花园

**项目面积：** 1000m² / **设计机构：** 深圳市圣易文设计事务所有限公司 / **项目地址：** 东莞松山湖松湖花海片区
**设计主材：** 翡翠木纹大理石、水晶白大理石、蜘蛛玉大理石、红龙玉大理石、梅尔斯金大理石、木饰面等
**软装陈设品牌：** ACF、环球视野、米兰映像、安缦、匠心、春在东方

翡翠松山湖坐拥松山湖一线湖景与松湖花海旅游区的自然生态景观，
她匠心于自然、倾情于山水，致力于空间、山、水、园融为一体的城市理念，
打造一个“科技共山水一色”的新兴城市形象。

翡翠松山湖滨湖花园傍水而居，和山水融为一体，在喧嚣的闹市中清幽自得，在含蓄节制的空间中屏蔽干扰，心灵真正的得以升华。是白，是黑，是节制，也是浮夸；是静，是动，是和谐，也是矛盾。6米高的挑空玄关，泼洒下1000多颗璀璨的金属雨滴。流韵点金是浮夸的，更是震撼的。《见南山》边柜上中式摆物是寂静的；红色花器里悄然窜起的龙柳是躁动的……这深深浅浅的矛盾与道需要每一位有缘者细细的品鉴。

围合式的家庭厅带着独特气韵和生命灵性。中式禅意与西洋玩物的碰撞，逸趣横生；敦实的布艺沙发与纤细的传世家具相得益彰；天花的艺术吊灯与高低错落的茶几相会呼应，如同休止符，欲言又止。将视野延伸到窗景外，满眼的草木绿意，宁静与虚实间塑造出清雅意境。

流年似水，静候的每个寂静清晨，被倾洒进来的晨光唤醒。墨色似烟雾缭绕，被阳光拨开，无需多余的笔墨，有缘者便能了悟当中的意境。雪梅化作白色的涟漪，漂浮起舞在水面上。有缘者揣一颗平常心，从容淡然地闲庭信步，时而看世间风轻雨淡，时而三五知己高谈理想。风与声的交汇，青葱绿意，潺潺流水，平静中蕴含着空灵。与风景融为一体，感受精神的力量。一剪寒枝，期待与有缘者的一次邂逅。笔墨深浅，寂寥无声，运用留白艺术，将空白延伸扩展，勾勒山水意境。

运用构成的设计手法，屏风分隔了两个空间，同时又融合了它们。是动，是静，是矛盾。绢布上若隐若现的红梅与茶桌上挑出的罗汉松，是对比，又是和谐。在如此一个充满了矛盾的和谐空间里，寻找心之所向。

对称式布局的会客厅融汇了设计师的大胆塑造：复杂而隆重的天花纹样，简洁现代的艺术云灯，湖水蓝与落日橙的搭配，中式纹理搭配现代的家具等等，用不拘一格的西方审美营造静谧的东方美学。正如在喧嚣处寻觅逸趣风雅，怡然自得。

► 会客厅立面图

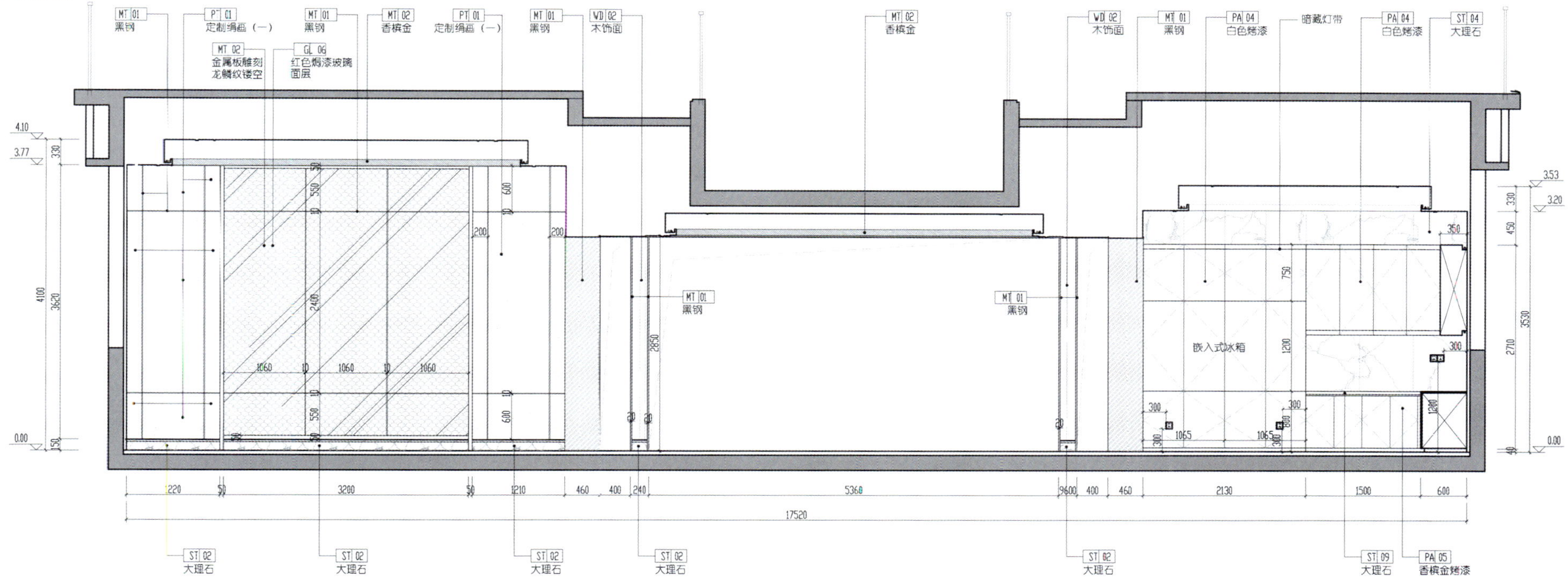


► 餐厅立面图

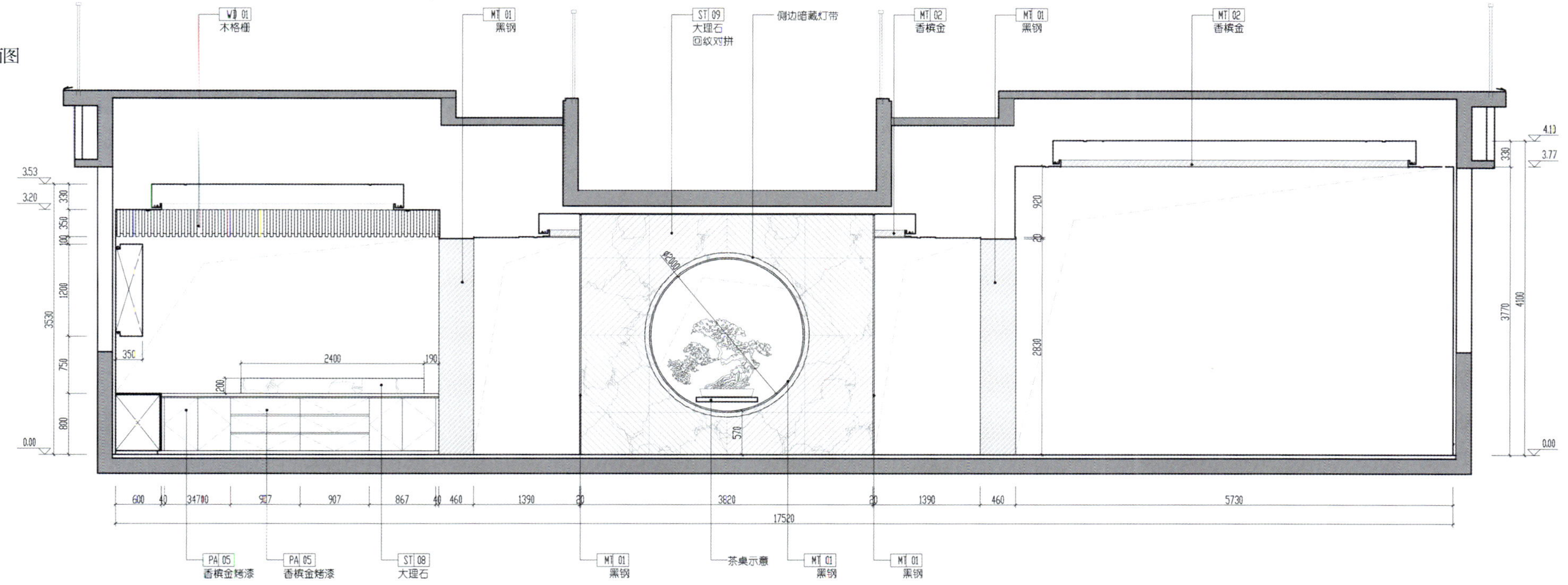

► 负一层平面图

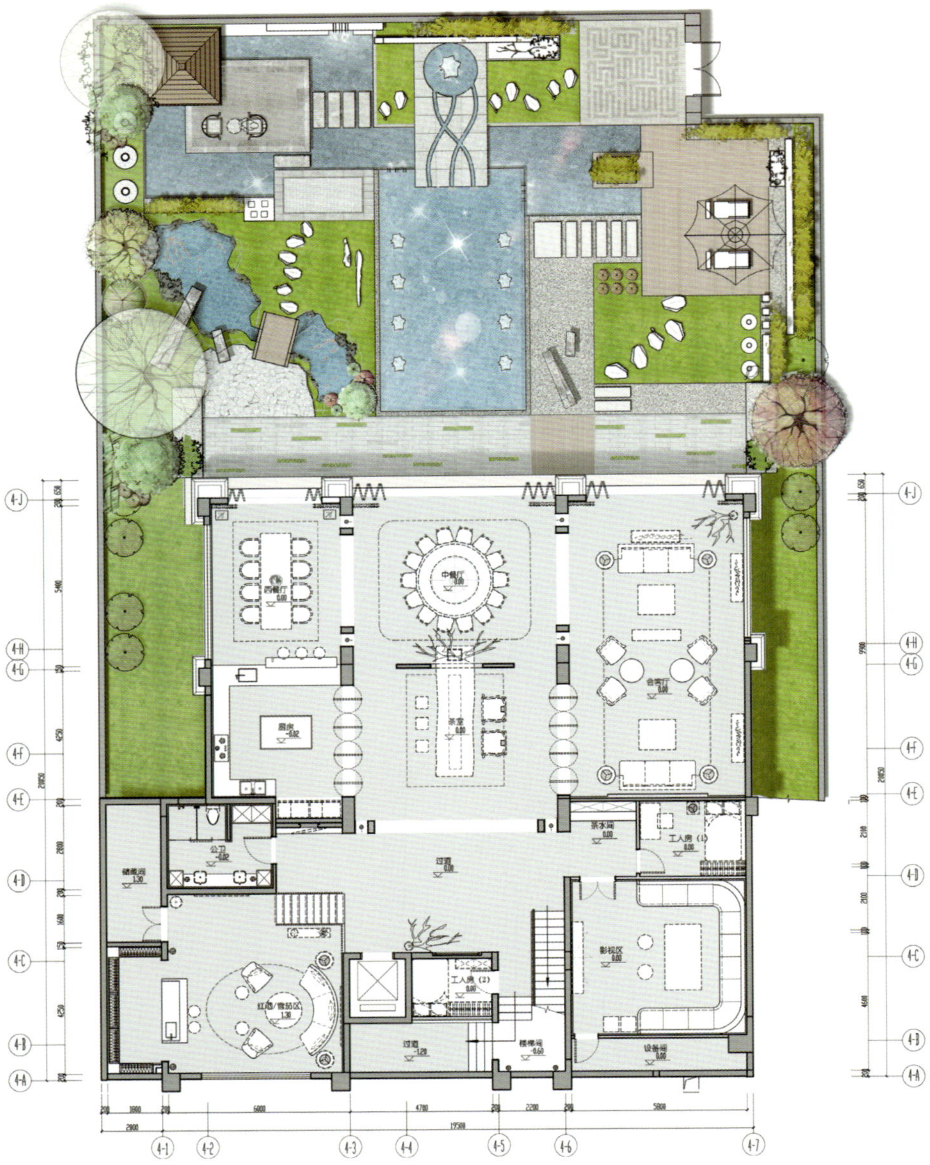

▶ 中餐厅立面图

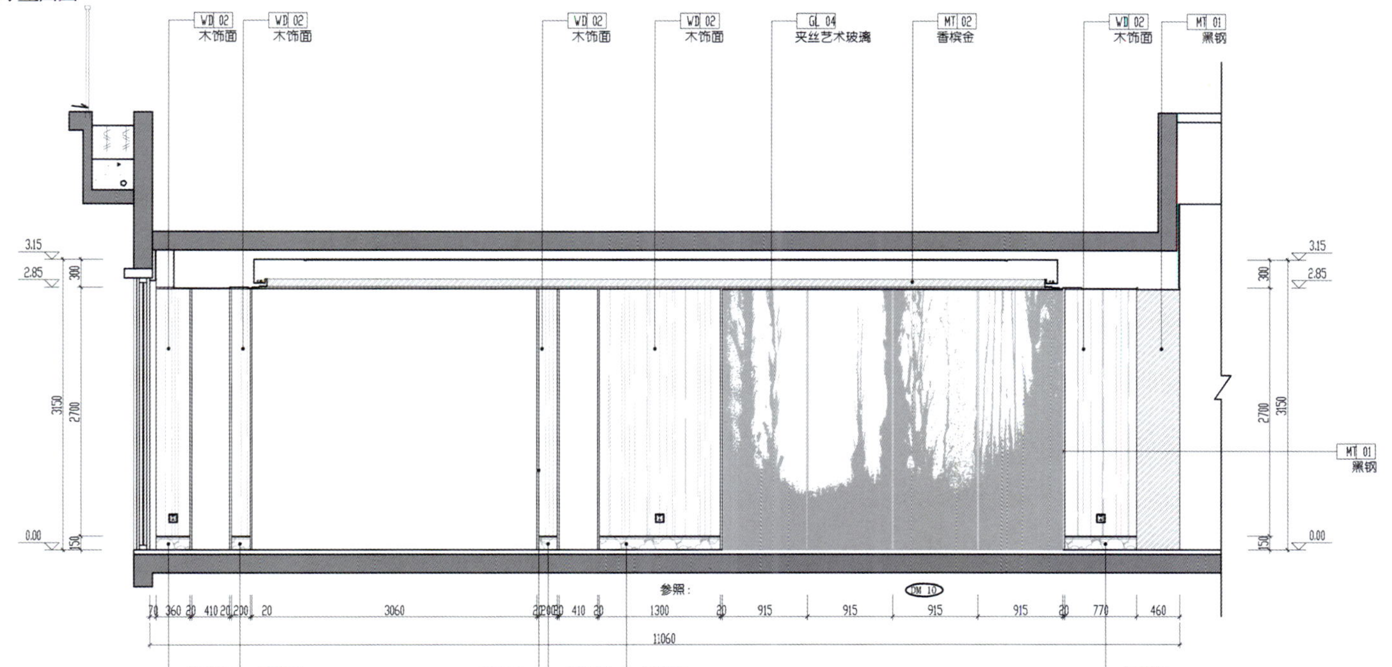


▶ 茶室立面图

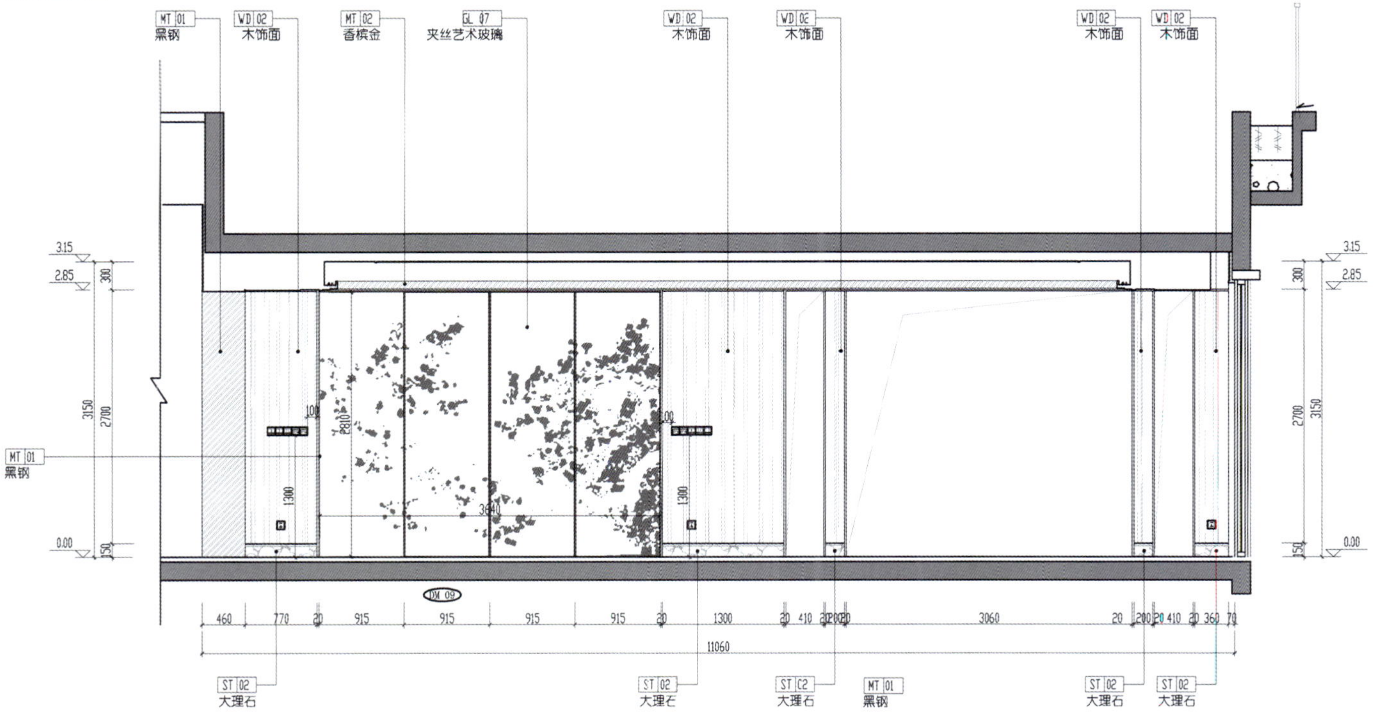

► 一层平面图

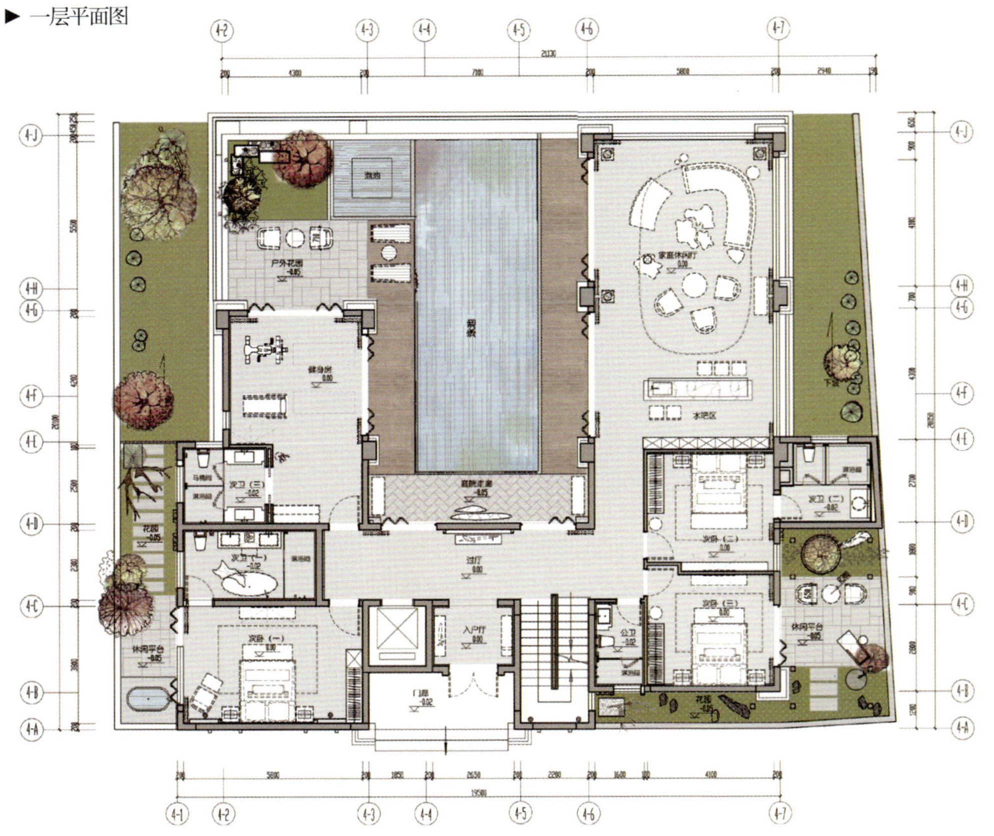

► 入户厅立面图

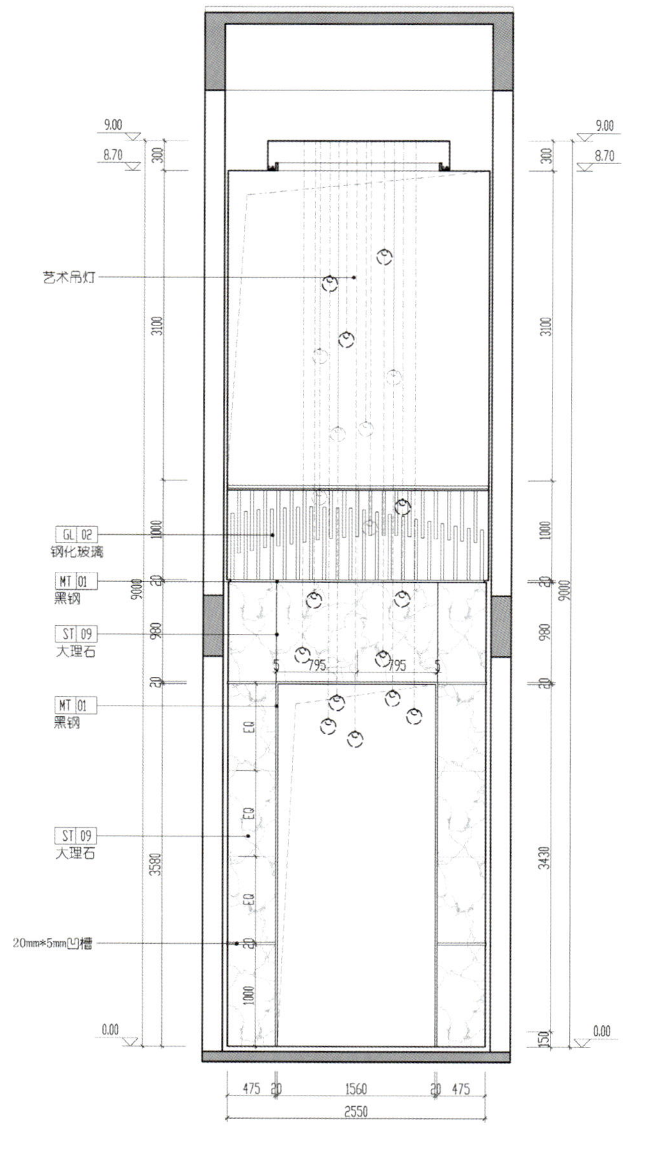


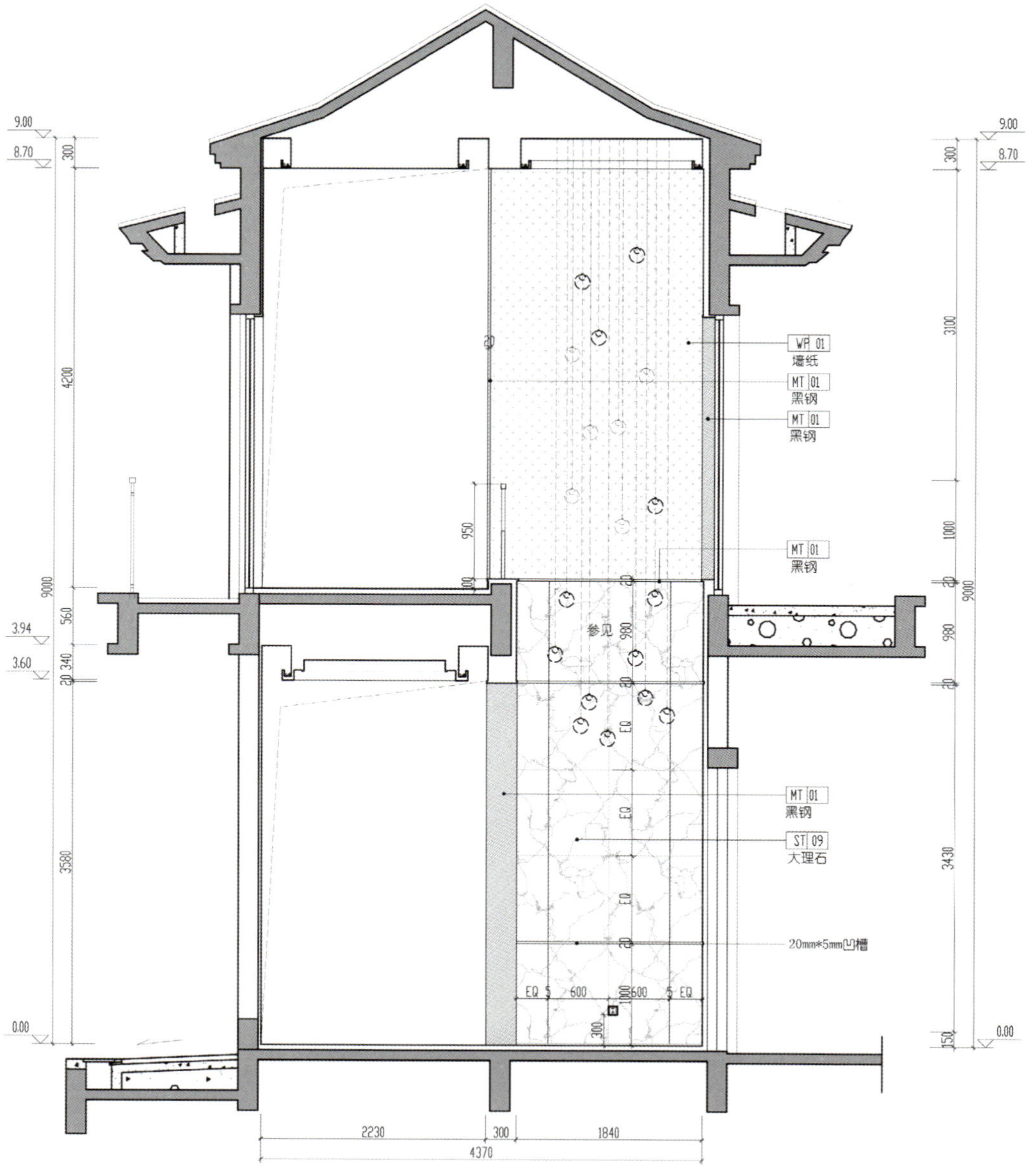

► 家庭休闲厅立面图

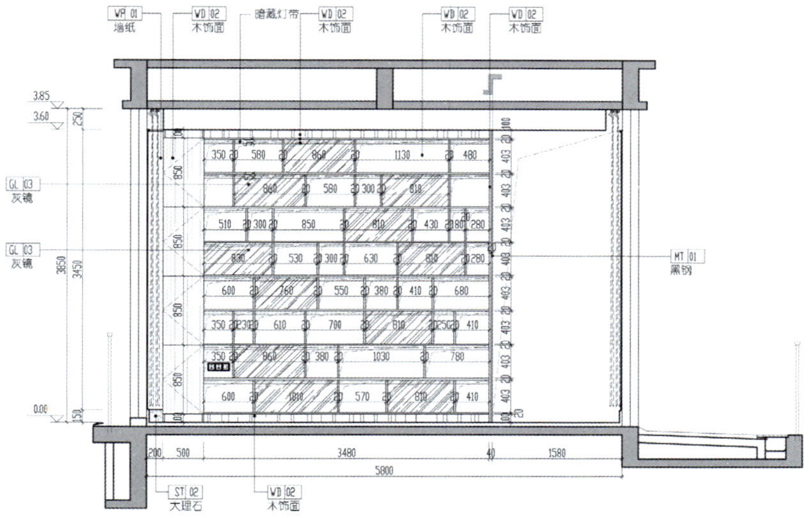

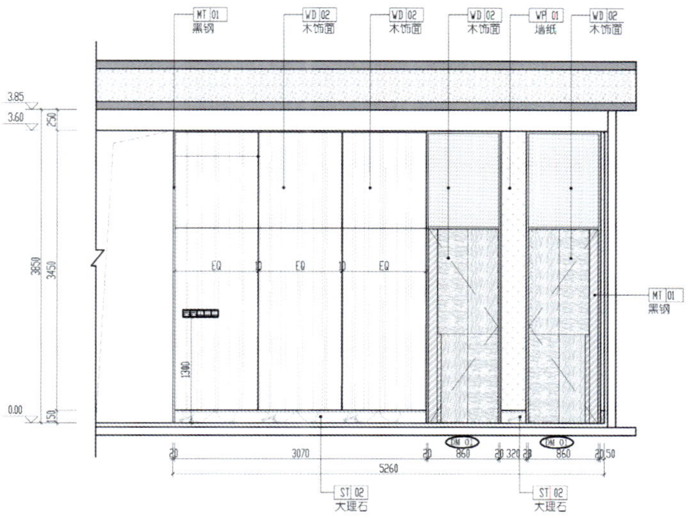

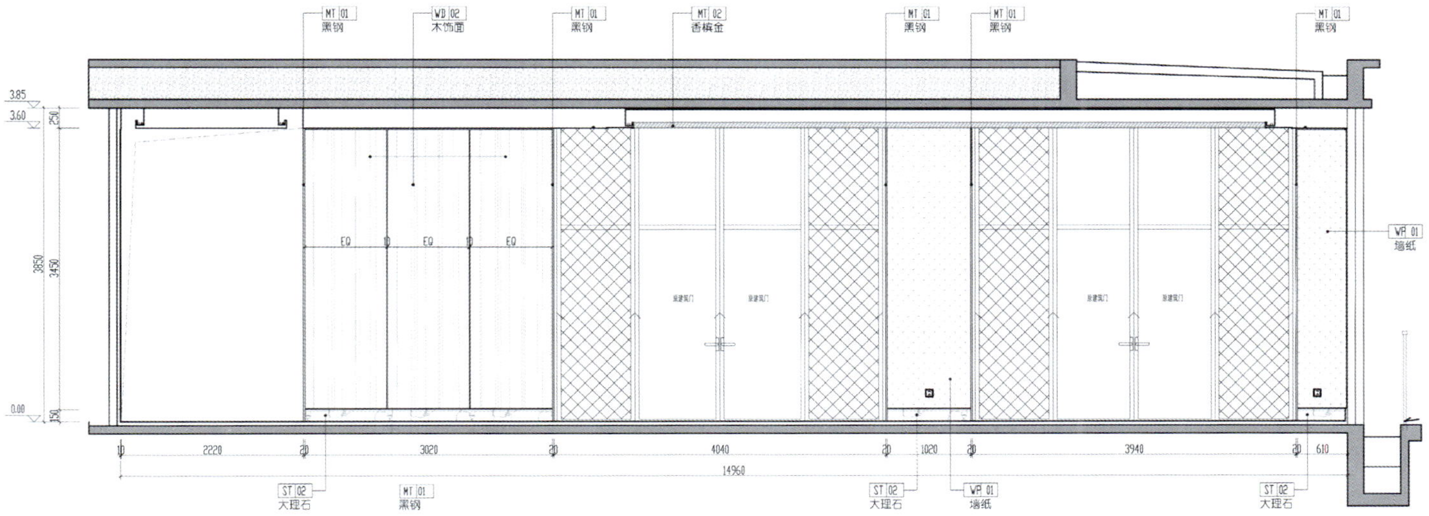

▶ 二层平面图

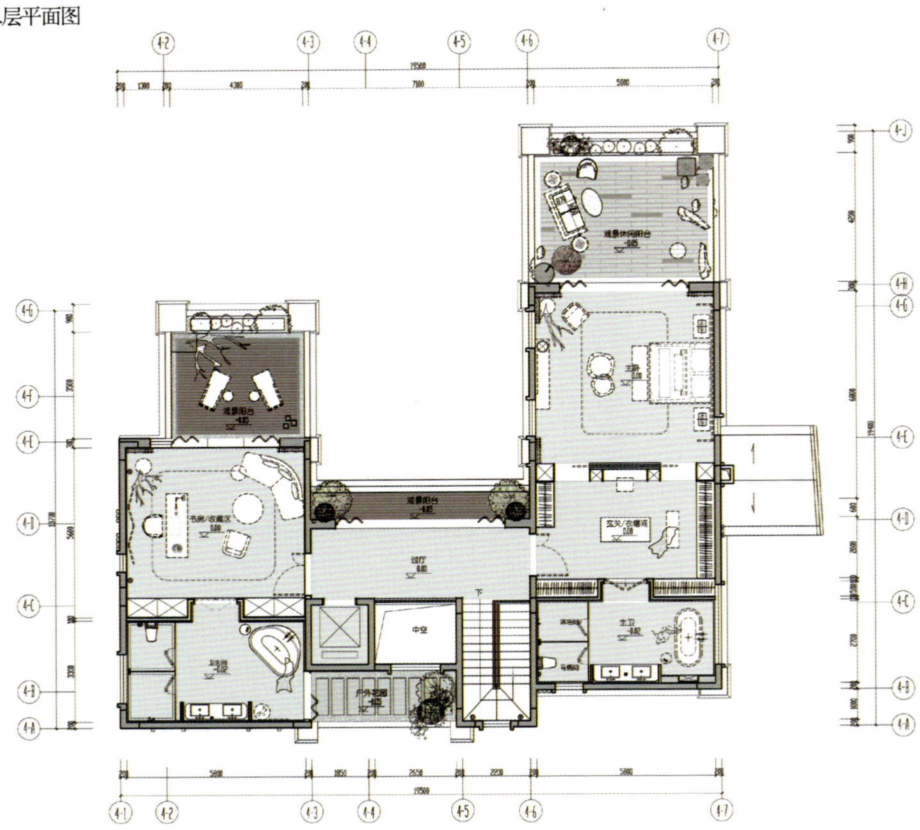

▶ 主卧立面图

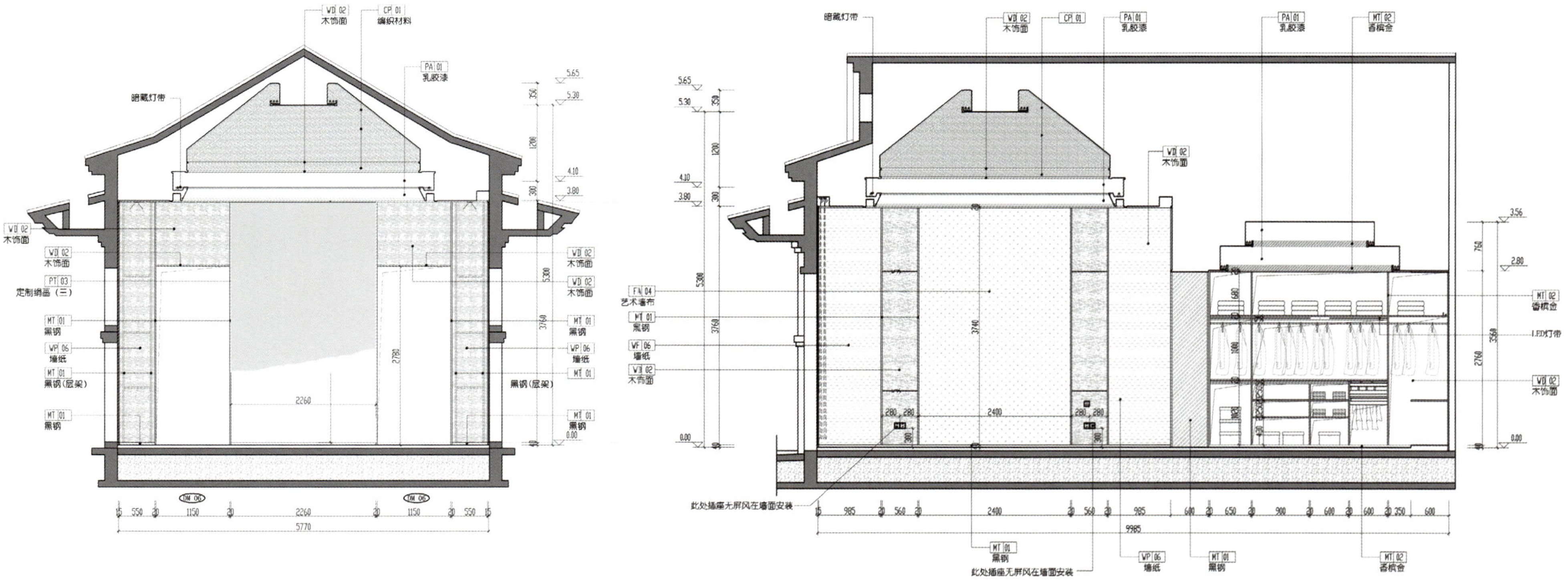
WD 02 木饰面
CP 01 编织材料
PA 01 乳胶漆
暗藏灯带
PT 03 定制墙画（三）
MT 01 黑钢
WP 06 墙纸
MT 01 黑钢（层架）
FN 04 艺术挂布
MT 02 香槟金
LED灯带
此处插座无屏风在墙面安装

# 满庭芳·江景水墨画

## 佛山九江誉海半岛

**项目地址：** 佛山市南海区九江镇江滨新城331号 / **总设计单位：** HONidea硕瀚创研
**软装艺术陈设执行单位：** 东西无印 / **主创设计师：** 杨铭斌
**主要用材：** 木饰面、白色乳胶漆、墙布、钛金拉丝不锈钢等

佛山九江誉江华府别墅群规模为当前九江之最，
是龙江区域唯一高端江景豪宅社区，坐拥西江180度一线江景。
园林景区设有3.6千米全循环水系，引入西江水。
产品户户南北对流，无暗间。

项目位于佛山九江誉江华府楼盘内的誉海半岛别墅区域，环境宜人，一线江景是此楼盘的一大亮点。户型9座101是其中一个4层示范单位，此建筑户型具有南北对流，采光充裕，室内有6米中空的宽敞空间等优点。

设计师希望通过新中式室内元素的气韵与悠静的户外园林相映衬。原建筑从入户门进入室内是一个两边墙体的独立玄关空间，设计师认为公共空间之间应该在区分区域的基础上能够相互渲染的关系，所以在设计上把两边原有的墙体拆除后放置半通透的花鸟元素屏风，以此把园林外的意境引入室内，同时与茶室的意境相得益彰。

整体空间色调主要采用文雅静谧的浅色调。有着6米高的客厅区域，设计师通过空间梳理，针对客厅部分运用对称和简练的线面构成手法，确立出空间的中轴线，并且在立面处理上力求在疏密比例的线面衔接中做到延伸的细节追求，使原本不对称的背景墙更加和谐庄重，体现的不仅是空间熏陶出来的意境，更是对生活细节追求的态度。半通透屏风在空间中起着重要的隔断功能，同时也是过道中的一道风景线，让游走在空间中的人犹如身临高山迷雾中。

负一层去除管道层的高度约为4.5米，在如此尴尬的高度中做夹层固然会感到压抑，所以设计师在梳理空间功能分布的时候把走动较少的功能空间安置在夹层，并且通过镜面和灯光效果把空间压抑感减到最低。负一层同样延用一层的线面构成手法，品酒区保留层高做出中空位置。在材料上做变化，加入机理漆与钛金相搭配让空间色调更加丰富，在软装的点缀下更显高雅自得之意。

空间规划的合理划分能够提升业主的生活品质，设计师将整个三层划分为主人活动区，并舍去原主卫生间的部分空间纳入到衣帽间，整个区域形成回路动线。主人房床头背景的屏风水墨元素为空间的主视线，并以镜面延伸，虚实交错，增加了情趣丰富了视觉。天花四周的灯槽是整个空间氛围的渲染光源，犹如在月光底下那水墨般的丝丝白雾，飘散贯穿于空间中。

▶ 负一层夹层平面图

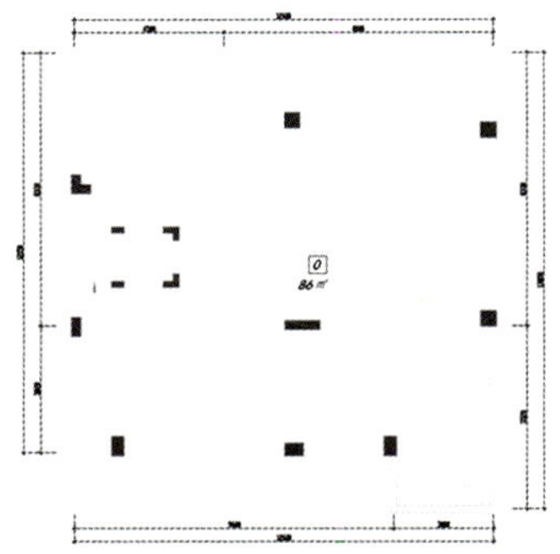

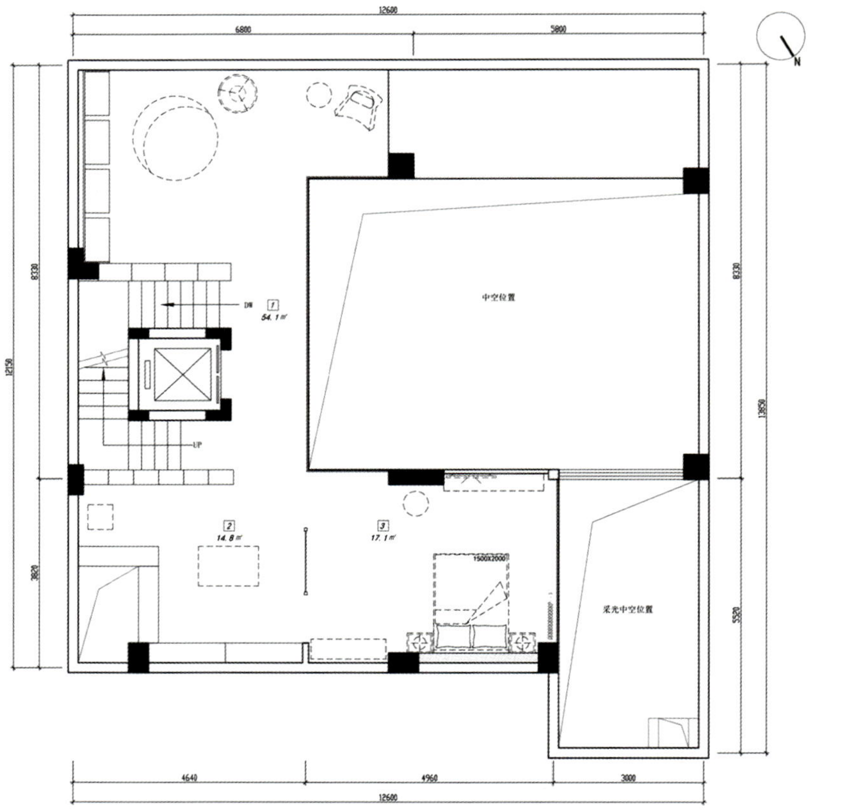

0 原建筑墙体图
1 恒温酒窖
2 收藏品鉴区
3 客房

▶ 负一层平面图

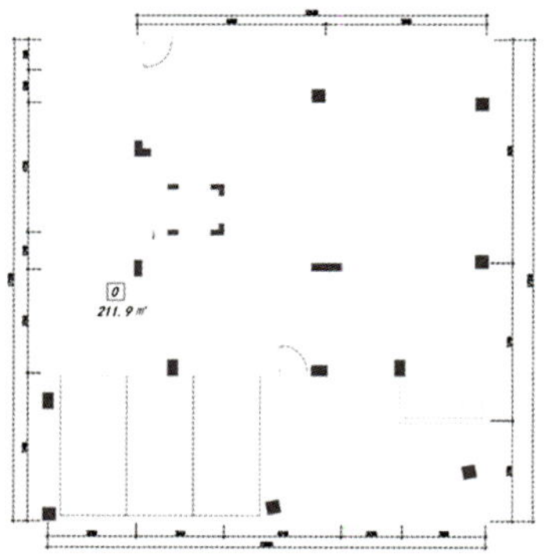

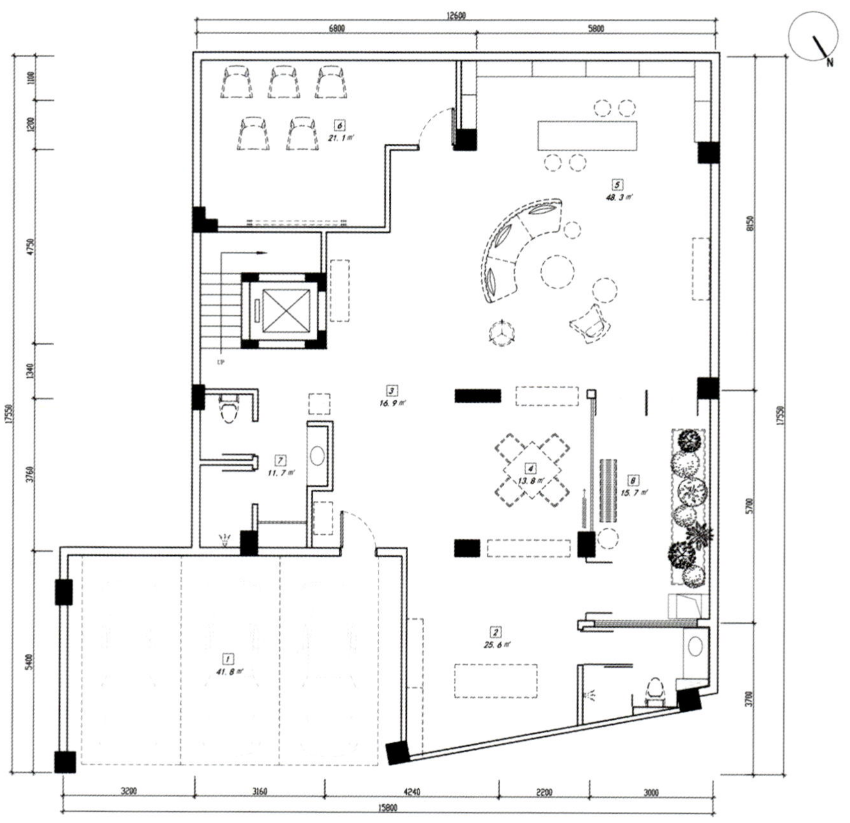

0 原建筑墙体图
1 车库
2 书画室
3 过道
4 棋牌区
5 品酒区
6 多媒体娱乐室
7 卫生间
8 园林小景

► 一层平面图

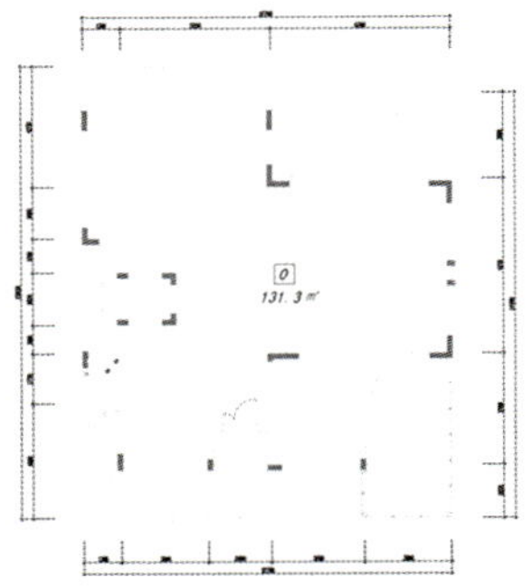

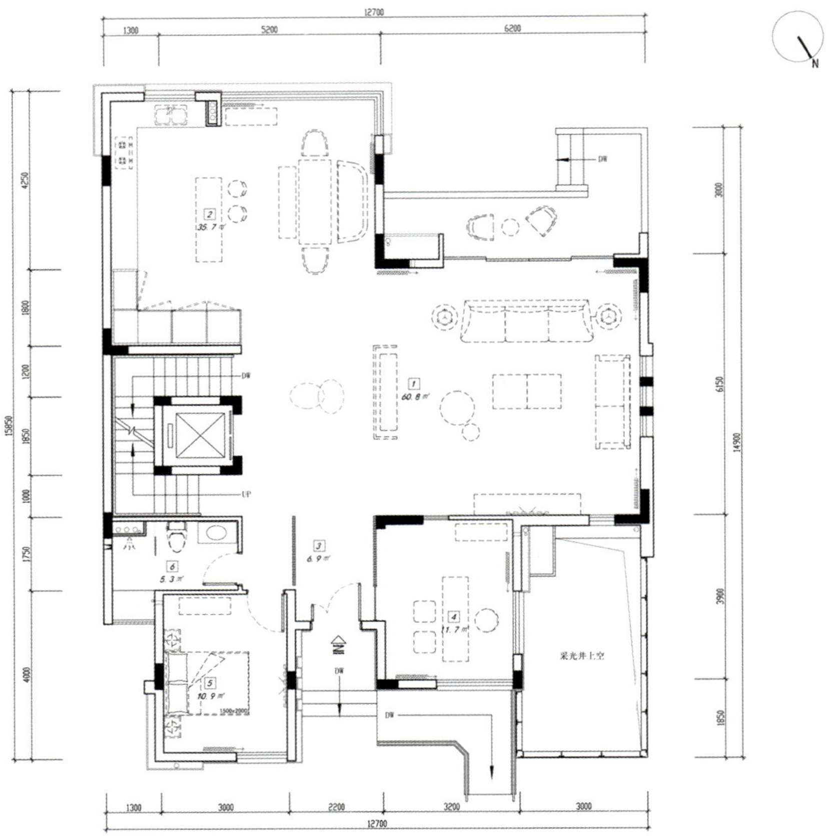


0 原建筑墙体图
1 客厅
2 开放式厨房
3 过道
4 茶室
5 卧室
6 卫生间

▶ 二层平面图

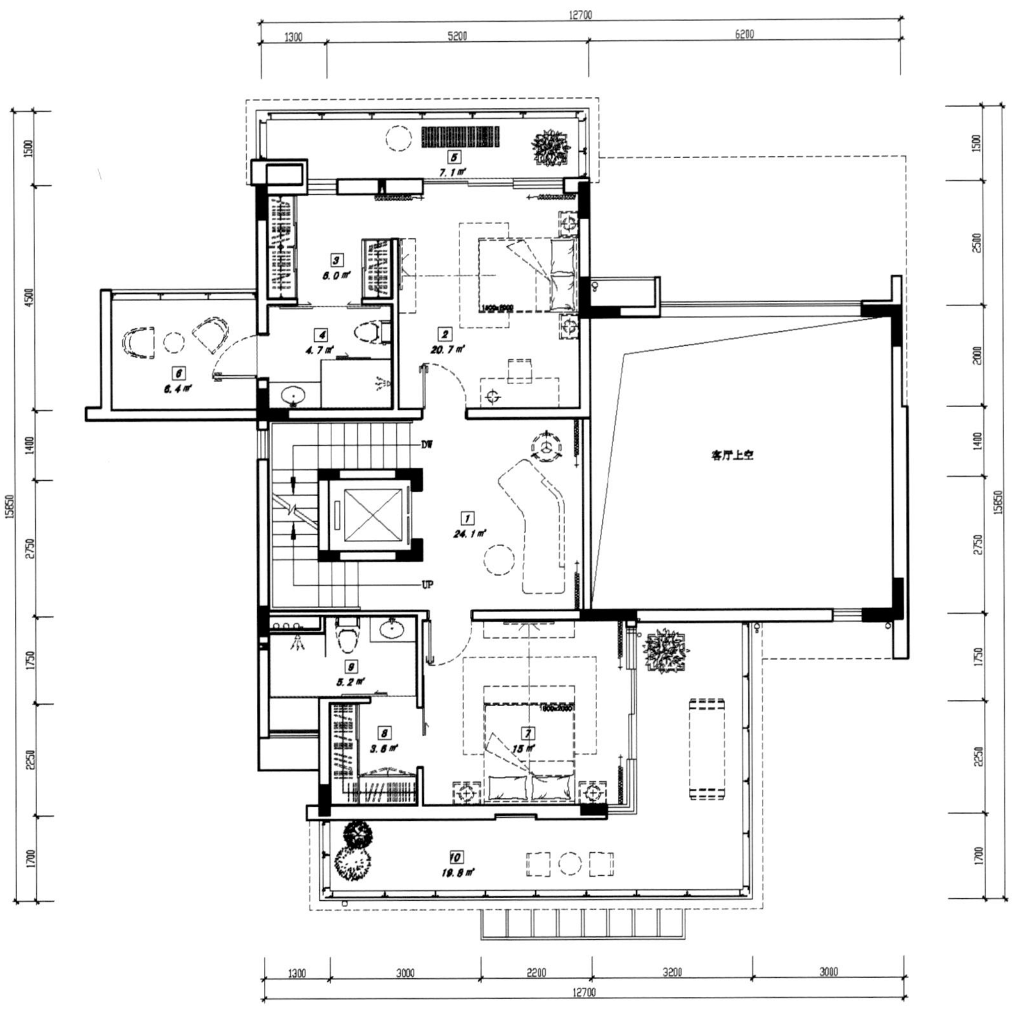


1 休闲区
2 卧室1
3 衣帽间1
4 卫生间1
5 观景阳台1
6 观景阳台2
7 卧室2
8 衣帽间2
9 卫生间2
10 观景阳台3

▶ 三层平面图

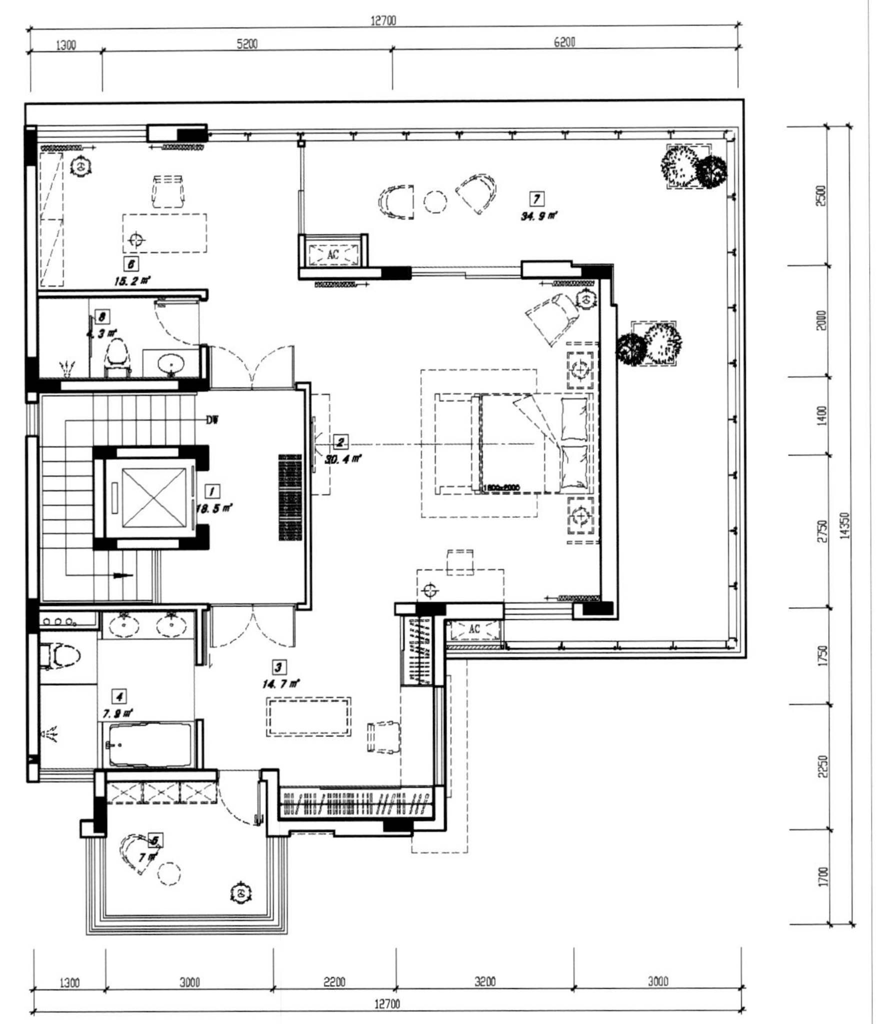

1 过道
2 主人房
3 衣帽间
4 卫生间1
5 观景房
6 书房
7 观景阳台
8 卫生间2

# 满庭芳·秦淮之水沐月夜

## 泰禾南京院子售楼处

**项目面积：** 848m² / **项目地点：** 南京市秦淮区珠巷路与金沙井路交汇处
**业主：** 南京泰禾 / **设计公司：** 上海乐尚设计
**主要材料：** 云锦

泰禾南京院子以“十里秦淮，六朝金粉，一曲桃花扇”为设计概念立意，
将这记忆中的繁盛光景以“问水”“闻曲”“文人”的角度进行现代演绎，
以“一河两街、七坊八巷”的鸿篇巨制，将金陵古都的精粹美好融于院落，写于坊巷。

泰禾南京院子地处南京主城核心区域，属于内城别墅，位居明城墙内、秦淮河畔、夫子庙旁，仅有88栋中国院落式别墅，被誉为国宅。泰禾南京院子营造的正是一种烙印着中国文化图腾的生活方式，以景观之韵镌刻地域文化与人居环境的现代思考，以建筑之名向世界传达了一种底蕴深厚的中国力量！其景观设计以一河两街七坊八巷建制，凝练中国数千年建筑精华，重生礼序格局。而秦淮河畔，粉墙黛瓦、桨声灯影、雕饰门头、题字门匾、抱鼓石、马头墙……将千古毓秀，藏于一院乾坤。

在泰禾南京院子售楼处的设计中，设计师们怀着对中国传统文化的虔敬之心，从五感六觉全方位实现文化的空间浸润，将中国传统的书道、香道、茶道、花道融会贯通，打造从传统出发，却适合当代生活和审美情趣的雅韵空间。这是一场致意中国之美的情怀架构，更是一场设计文化自觉意识的主动追寻。

入口广场处设计了具有中式韵味的景亭，其形取自于寄畅园华孝子祠，外形方也寓意方正不阿的精神，为整个区域精神之源头，以水萦绕，借秦淮之水寄文人之夙。因地造景，在此建造水上舞台，这不仅是一种建筑形制，更是一方文化展示。水上舞台对面设置下沉式观景平台，滨水雅座，觥筹交错、品味秦淮佳景。

空间以现代复式结构为主，设计以明妍的胭脂红为主调，搭配素雅的竹青、沉静的黛蓝、匀净的玉脂白及蕴藉的鸦青，或绚丽多姿、灿若云霞，或秀美雅静、温柔如絮，构成一道缤纷的中国传统色彩风景线。同时，设计师还巧妙地将南京云锦元素运用装点在每一个空间中，不止于视觉，触觉感受亦令人惊艳。

在探索中国之美的过程中，我们不断发现阅读之美，品茶之美，云锦之美，戏曲之美……这些美本身散发着各自独特的韵味，却又互相联系交织依附，酝酿出更丰富的层次和魅力。

南京院子

▶ 一层平面图

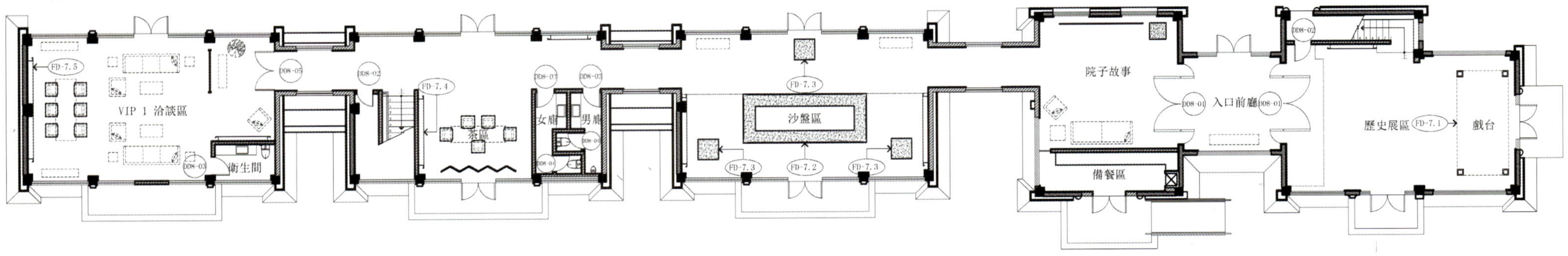
FD-7.5
VIP 1 洽談區
衛生間
DD8-03
DD8-05
DD8-02
FD-7.4
茶區
DD8-03
DD8-03
女廁
男廁
DD8-04
DD8-04
FD-7.3
沙盤區
FD-7.3
FD-7.2
FD-7.3
院子故事
備餐區
DD8-01
入口前廳
DD8-01
DD8-02
歷史展區
FD-7.1
戲台

► 二层平面图

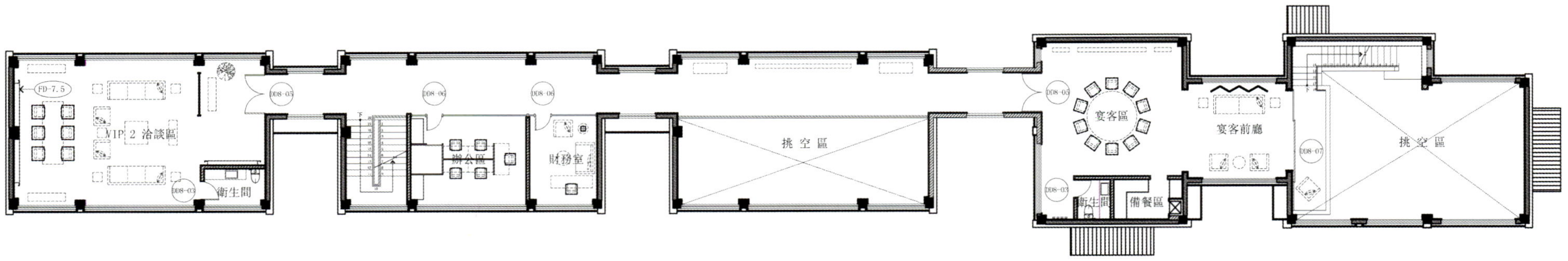

FD-7.5
VIP 2 洽談區
DD8-05
DD8-06
DD8-06
DD8-03
衛生間
辦公區
財務室
挑空區
DD8-05
宴客區
宴客前廳
DD8-07
DD8-03
衛生間
備餐區
挑空區

# 满庭芳·花萼楼前雨露新

## 西安凯悦酒店

**项目面积**：50000m² / **项目地点**：西安市曲江新区曲江池东路988号
**主创团队**：杨邦胜、赖广绍、谭杰升、聂婉仪 / **室内设计**：杨邦胜 / **室外设计**：CRTKL / **艺术品**：UAP
**主要材料**：卡布奇诺大理石、亚洲米黄大理石、冰河世纪大理石、胡桃木饰面、天然贝壳装饰板等

西安凯悦酒店坐落于曲江南湖之畔，有大隐于市的舒适与静逸。
酒店以盛唐文化为背景，展现园林式的设计风格，
设计师在酒店空间的处理上延续了古城墙雄浑宏伟的神韵，
整体色调以古铜色为主，取材盛唐时期的建筑样式。

西安凯悦酒店拥有300余间（套）豪华客房，同时配备了大宴会厅、特色中餐厅、西餐厅、各类会议室、游泳池、健身房、SPA养生馆等。

大堂屏风门的颜色及形制则借鉴了唐代建筑中对门的处理。在大堂内，设计师运用现代设计手法将斗拱的形式艺术化表达，层叠有序，庄重肃穆。与此同时，设计师又将大堂的吊灯融于装置之内，节律清晰的格栅内透出明亮的光线，宛如光泄林间，浑然天成。大堂吧的空间呈现开放包容的气度，赋有西域风情的波斯吧及东方神韵的中式吧环绕中庭中央，体现出独特的地域风情。中西方文化的热烈交融在千百年后的今天重现，不禁让人感怀赞叹那段气壮山河的璀璨历史。

走廊独特的天花飞檐线，隽永的东方设计风格成为一道亮丽的新景。感受时光流逝，回忆曾经的柔软和纯真，一如“赏心乐事谁家院”的婉约，为心灵打造纯净的奢侈。

全日餐厅精致考究的软装搭配，创造出内敛优雅、舒适宜人的就餐环境。那一盏盏带有历史年代感的玻璃吊灯既具古典美又现代新颖，旧物新生，曾经的气质漫进新的空间，存留着古时的余温，更是对那段历史的敬仰和缅怀。

中餐厅采用现代手法，流溢中式艺术空间，天花造型演绎了西安建筑的精髓，在灯光的烘托下营造出浓厚的东方意境。简约时尚的中式环形吊灯，无不为了营造出温馨优雅的空间氛围，以现代的设计语言诠释中式风格之美。

行政俱乐部的墙面以现代手法组合花开富贵，以屏风的形式表现与现代的家具结合，仿佛是一袭现代旗袍漫步在香榭丽舍大道以兼收并蓄的优雅，适应都市隐贵和当代人追求的现代美。

客房在细节处传达设计品质，地毯与背景的石榴花图案以现代的手法表现，肌理间蕴含着长安古城文脉，灿若霞光。量身定制的艺术品陈设，使空间更富浓郁的现代中式韵味。

▶ 大堂平面图

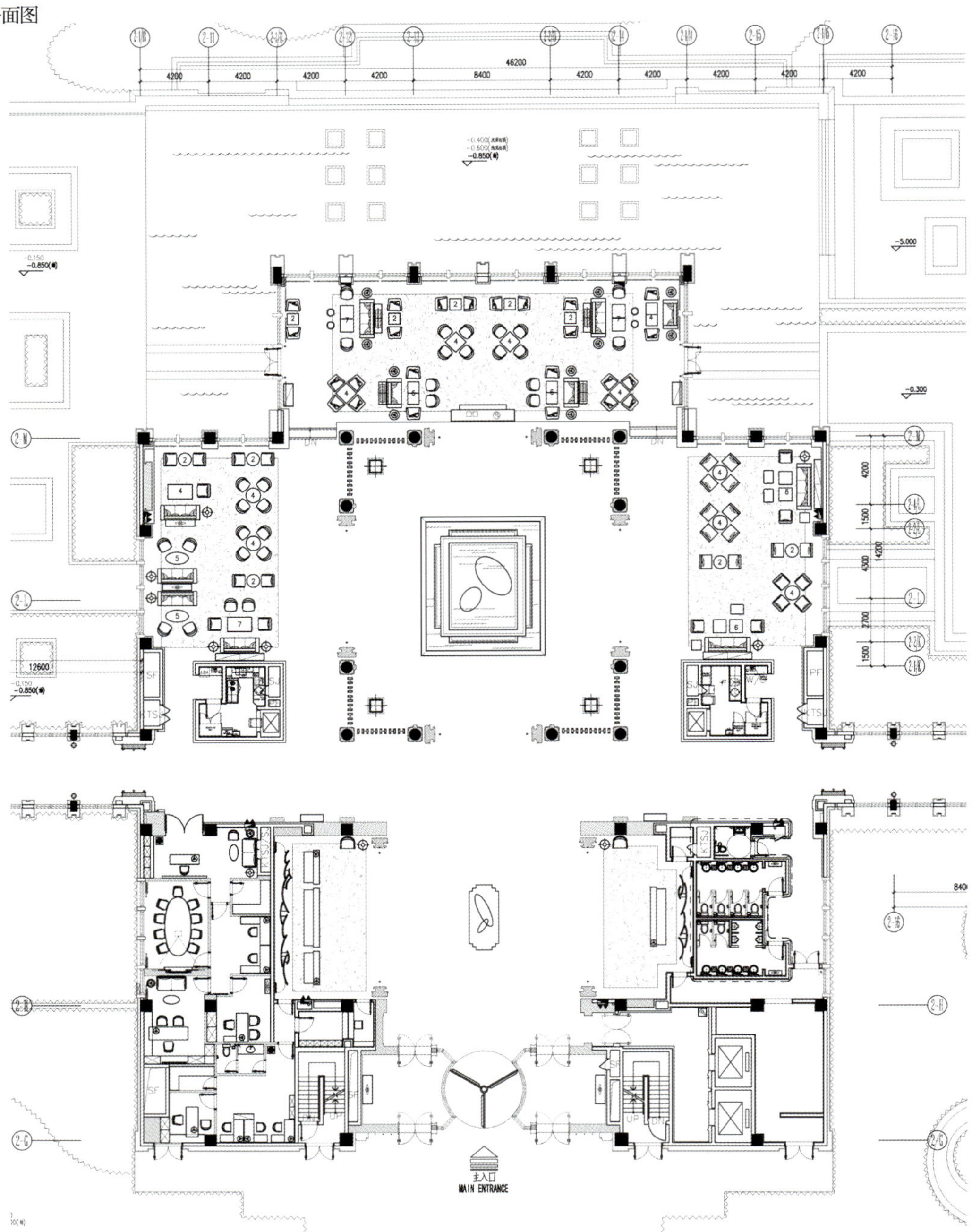
46200
4200
4200
4200
4200
8400
4200
4200
4200
4200
4200
12600
主入口
MAIN ENTRANCE

▶ 中餐厅平面图

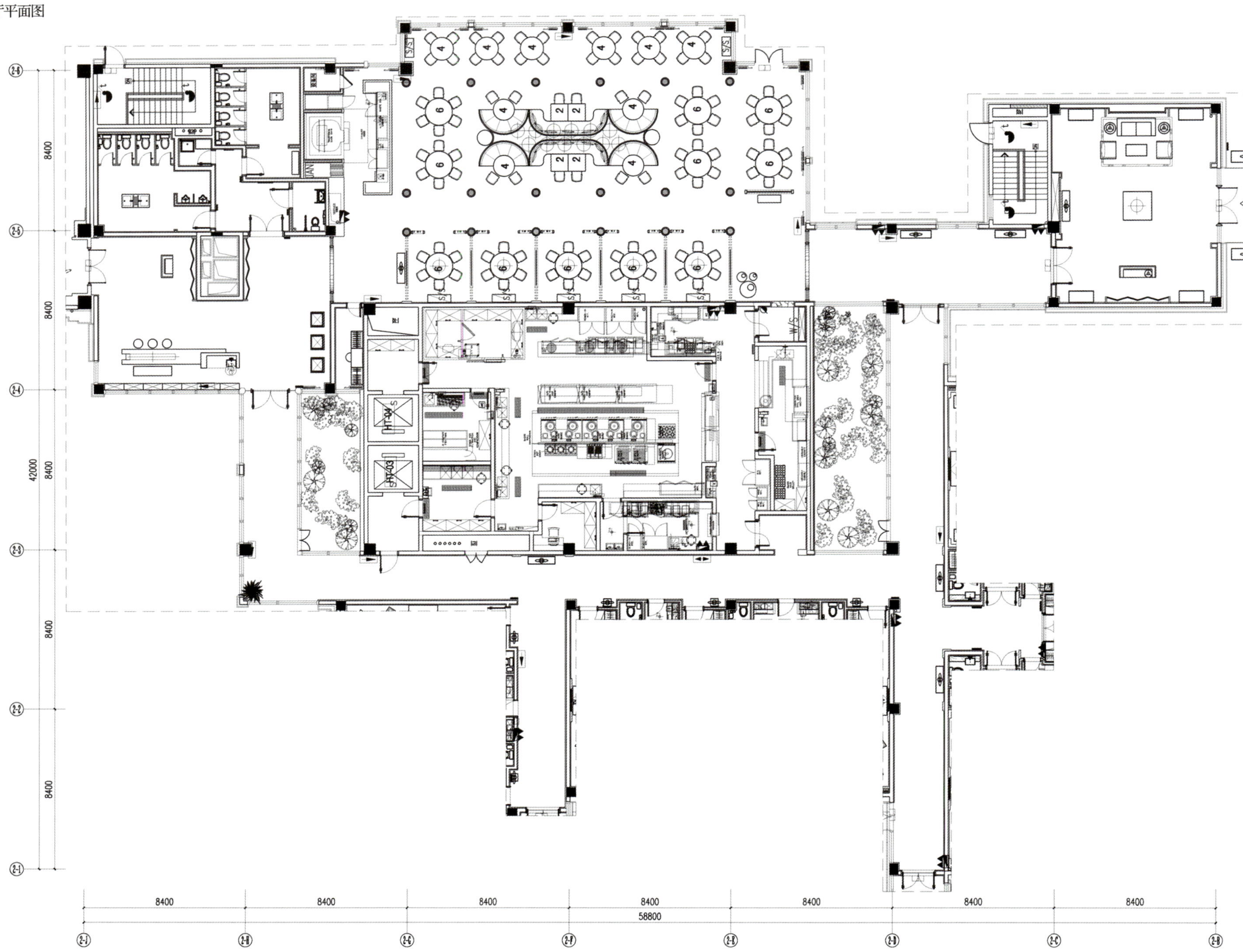

# 满庭芳·古韵清幽书香浓

## 包头绿地国际花都一期售楼中心

**项目面积：**1934m² / **项目地址：**包头沙河西街与210国道交汇处 / **业主：**绿地集团包头置业有限公司
**设计机构：**集艾室内设计（上海）有限公司 / **主创总监：**黄全
**设计师：**李伟、刘康、姜正南 / **软装陈设：**陆曙琼、汪丽 / **摄影师：**冯建
**主要材料：**香槟金拉丝不锈钢、金属网、蓝色多瑙河大理石、尼斯木饰面、爵士白大理石、艺术壁纸

设计师将书院文化植入售楼中心设计，
打破了传统的居住建筑模式和销售模式，弱化了传统售楼处的空间形态，
将之营造成安静开放的体验空间，以东方写意的情怀，
打开了一扇无数社会精英及中产阶级梦想生活开始的大门。

包头绿地国际花都一期的售楼中心融入书院元素的构思，设计师充分利用周边自然环境和文化元素，将隐蔽于乡野山林的书院与壮丽豪迈的塞北风情相糅合，取书院之雅致，集塞北雄浑的草原文化特色，为居住在塞北的大众在感受草原文化的同时，享受阵阵甘露带来的书香气息。

入口大门采用木雕手法，将千年传承的印章艺术刻其之上。推门而入，正中映入眼帘的案几极具东方文化感，书香气息迎面而来。步入室内，移步移景。中心处的现代写意白色旋梯将楼上和楼下相连结，仿若一个精美的装置艺术作品。设计以白色旋梯为中轴，营造出一种流动的水景。静中有动，表达出一个更具视觉导向性的灵动空间，唤起人们强烈的心灵共鸣。

门厅沿窗通过细致不锈钢格栅、水纹不锈钢及仿山水形体山峦起伏的艺术装置结合，重构了雄奇瑰丽、云山云海的山水景象，给人一种山水景色的带入感。透过窗棂隐隐约约的室外景观，形成丰富的空间层次感及现代感。

一层空间以书院的形式提供舒适的阅读场所。咖啡区和洽谈区通过一个一个的书柜形成阵列关系，贯通着整个售楼处的中心思想。在四周围绕的超高玫瑰金不锈钢书架中，给人一种徜徉书海的宁静，仿佛释放回归空间的天性，置身其中感受不一样的气质。

取书院文人与书法艺术之元素，笔、墨、卷、印章等成为提升空间最完美的文房雅器。金属灯笼凳与桌几提取古典元素，与现代时尚的生活调性相呼应。水晶曲线造型的灯光在上空流淌，延续了对西北山脉隔壁、广阔草原和涓涓河流元素的写意设计。造型写意的灯光，让空间的美感与惬意的生活彼此相通。变幻的光影、质感的阅读空间，引入浪漫的生活方式。顺着踏步灯光的引导拾级而上，二层阵列的挑空平台及超高的层高让空间能有很好的互通，富有灵活性。

整体空间设计将书院建筑布局融于室内，闹中取静，营造出静谧的书院气息。碧海玉石水吧台，水吧背景不锈钢金属架结合带有中国特色的艺术瓷盘，给人一种较强的东方艺术感，在喝咖啡的同时品味着浓浓的东方气息。

▶ 平面图

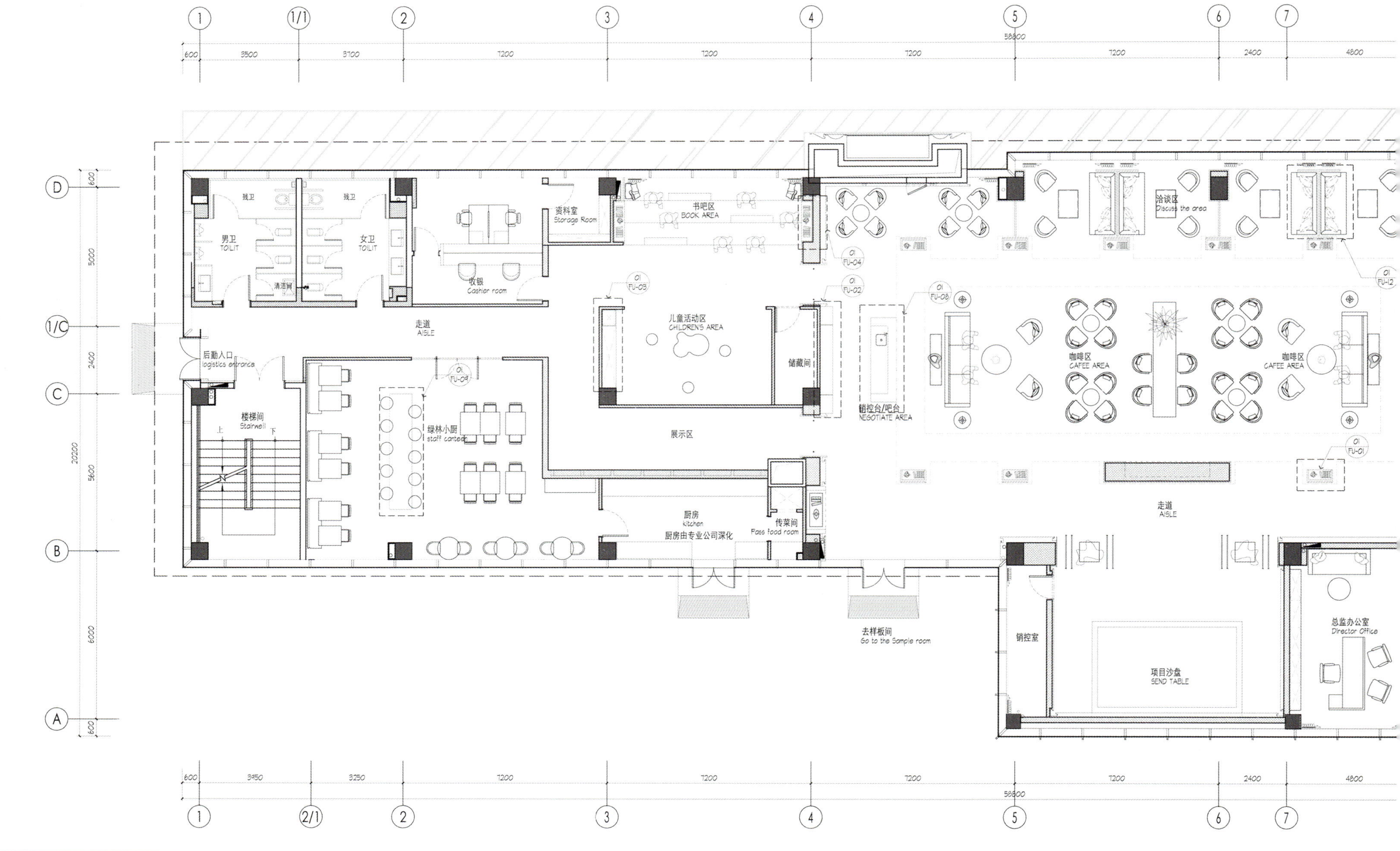

男卫
TOILIT
女卫
TOILIT
残卫
清洁间
资料室
Storage Room
书吧区
BOOK AREA
收银
Cashier room
洽谈区
Discuss the area
走道
AISLE
儿童活动区
CHILDREN'S AREA
储藏间
后勤入口
logistics entrance
楼梯间
Stairwell
绿林小厨
staff canteen
咖啡区
CAFEE AREA
销控台/吧台
NEGOTIATE AREA
展示区
厨房
Kitchen
厨房由专业公司深化
传菜间
Pass food room
去样板间
Go to the Sample room
销控室
项目沙盘
SEND TABLE
总监办公室
Director Office
58800

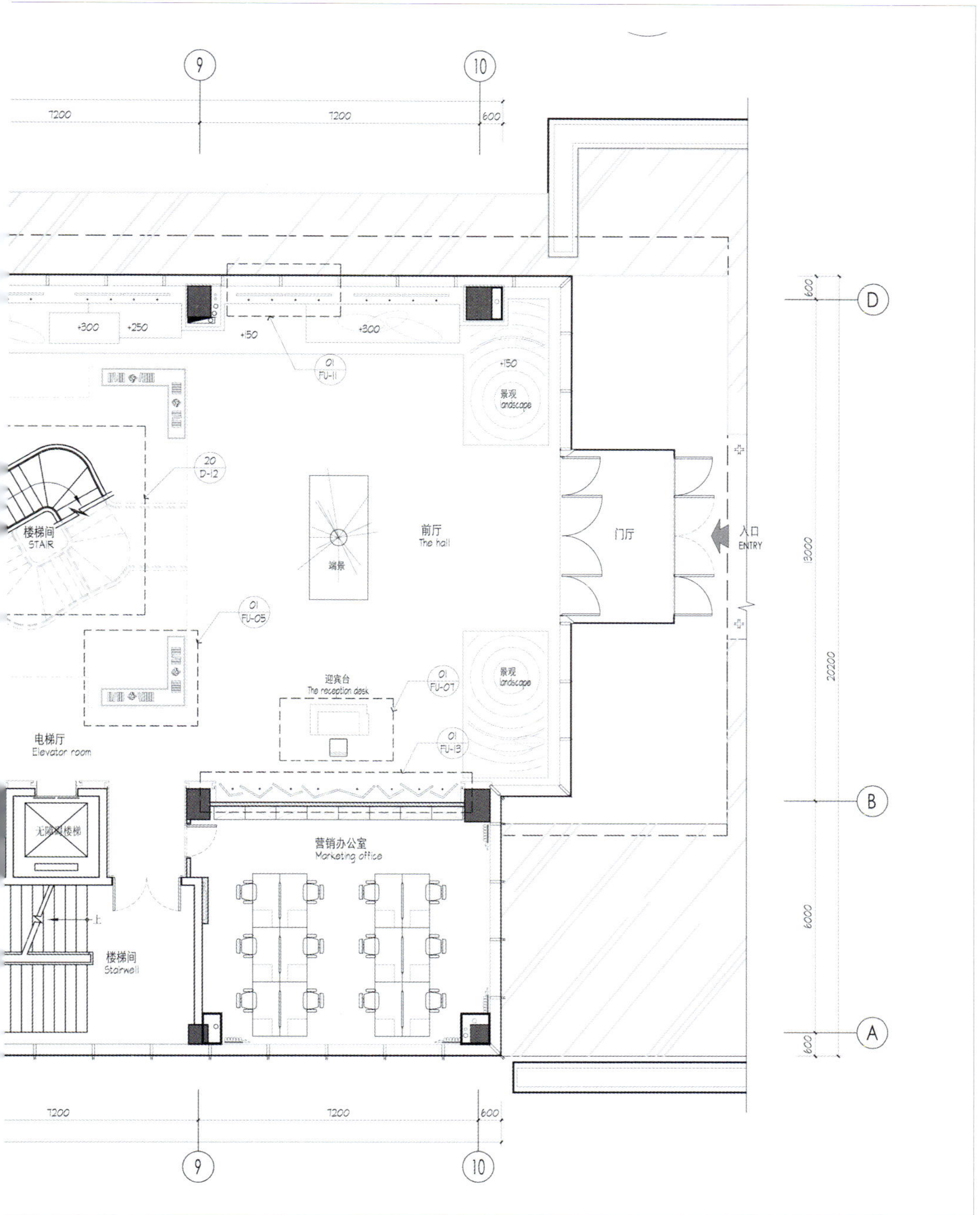
9
10
7200
7200
600
+300
+250
+150
+300
+150
01
FU-11
景观
landscape
20
D-12
楼梯间
STAIR
前厅
The hall
端景
门厅
入口
ENTRY
01
FU-05
迎宾台
The reception desk
01
FU-07
景观
landscape
01
FU-13
电梯厅
Elevator room
无障碍楼梯
营销办公室
Marketing office
上
楼梯间
Stairwell
D
B
A
600
13000
6000
600
22200

# 满庭芳·礼制归家三进院

## 长春万科如园合院别墅

**项目面积**：360m² / **业主**：万科地产
**室内设计单位**：北京捷思装饰设计有限公司
**主要材料**：石材、大理石、吊灯、地毯、铜雕、装饰画等

长春万科如园以新中式建筑设计语言重现中国传统文化的“礼序”精髓。
依附天然优势，以“一轴、一脉、三院落”的院落格局呈现中华千年之传统建筑礼制，
三进院落，礼制归家，感受礼者，于建筑之形，天地之序也。

合院别墅是传统的前庭后院式院落，围合、内向型的空间特点给人强烈的归属感。其次，3-4米高的院墙设计，结合私家庭院景观取代公共集中造景的理念，加强了合院别墅的私密归属感。文化与品质并重的院门设计采用石材、钢材、铝板等现代材料，结合青石门套、抱鼓石、定制门匾等传统元素和建筑的檐、墙、院、廊、纹饰妆点等细节雕琢，文雅而精致。在合院及联排别墅的造型设计上，重视比例与形式。将传统儒家“不偏不倚，包容万象”的中庸之道及道家“动静有常，阴阳互补”思想在外立面元素上进行抽象与提炼，形成的思想的对立统一。

如园在长春引入的合院类别墅产品，凭借其大面宽、大尺度、高层高的舒适性以及高墙大院的深宅私密性，引起了长春市场的较大关注，并很快形成了一阵合院热。合院贵在尊享，秉承了如园礼序，形成了坊口、院、户的“三进制”。11M的面宽让每户都能享受到充足的活动空间以及阳光。4.5m层高的地下空间，也摒弃了原本低矮潮湿的地下室给人的感受，让主人能够充分地利用自己百平有余的地下王国。

合院的样板间采用了《诗经·小雅》中的“君子九如”为主题设计，主入口的照壁处刻下此诗，以山阜、冈陵来比喻天下安定；以大川涨水之猛势来比喻势不可挡，天下兴盛；以上弦之月、东升之日比喻蒸蒸日上；以松柏长青比喻世代相承。“九如”为盛世之景，意图彰显中式世家的雅奢隐贵的生活景象。

“高山仰止，景行行止。虽不能至，然心向往之”从入口玄关的峰峦叠嶂到客厅山形家具及大型抽象山意装饰画，再到餐厅的山形水晶吊灯，及品茗区的整面墙，山以各种姿态展现在人们面前。

主卧逦游空间处理，半镂空的隔断使空间隔而不闷，细节处的铜雕正显隐奢雅贵。空间中金色蟠龙花瓶、漆器电视柜，与各种铂金艺术品，彰显着尊贵气质，暖色调的运用更添几分温馨舒适。

▶ 合院平面图

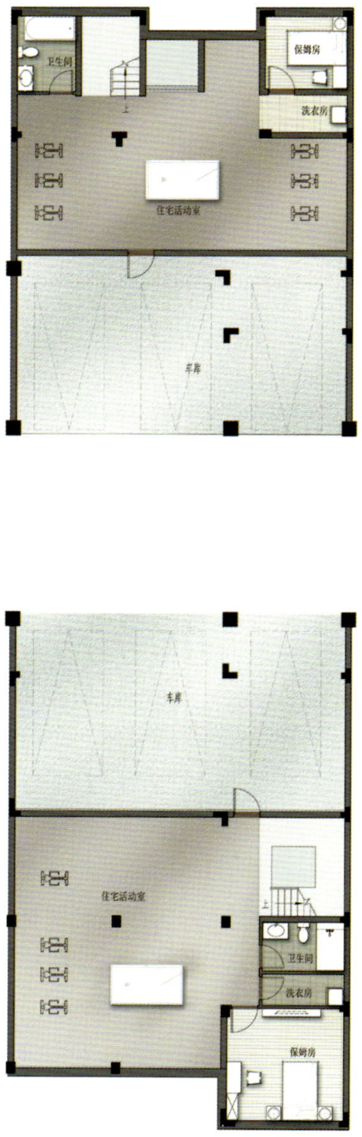


合院地下一层平面图

合院一层平面图

► 合院平面图

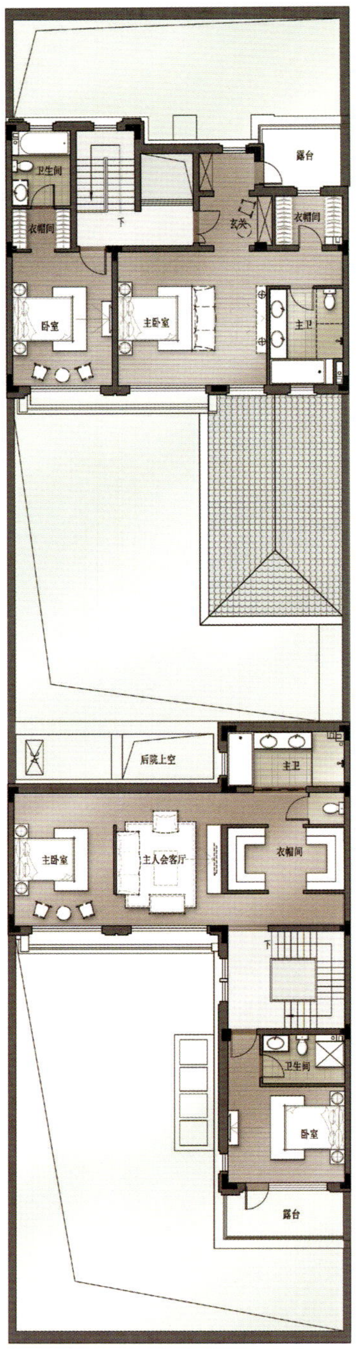


合院二层平面图

# 满庭芳·雅奢大美而不言

## 海口海航·豪庭北苑

**项目面积：** 417m² / **项目地址：** 海口市国兴大道与大英一路交汇处
**设计机构：** SCD（香港）郑树芬设计事务所 / **主案设计师：** 郑树芬（Simon Chong）、徐圣凯（Canyon）
**软装设计师：** 杜恒（Amy Du）、丁静（Circe Ding）
**主要材料：** 索罗门米黄地台、瑞典橡木地板、墙纸、大理石、仿古铜板等

设计师试图对话古今，寻找一种平衡的美，于这一室中呈现他对美的理解与追求。
项目以雅奢为基点，人文元素为主线，
营造了一个艺术、自然、有趣且充满生活之美的文化空间，
充分阐述了社会精英低调又不失品质的生活理念。

海航·豪庭是海航地产开发的实力豪宅，独占大英山国际旅游岛CBD龙头之位，守望CBD大都会繁华未来，是集政务、商业、交通、生活等多功能为一体的核心领地，为中产精英阶级构建宜居至美的生活湾区。

### 客厅

该户型以大空间定义奢阔居住标准，一层一户，南北通透，布局大气合理。户型采用十字中厅设计，满足当代家族社交、居家需求，彰显豪宅礼序；双景观奢阔阳台，俯揽大英山繁华排场，常与阳光清风相伴；高配精装修标准，为当代家族量身定制；特别配置保姆房，呵护起居生活，尽显尊崇生活。

### 餐厅

中式屏风的雅致，配合欧式线条的硬朗，极富质感的餐椅和丝质地毯，让整个餐厅仪式感中不乏轻松和舒适。

### 茶室

听风、吟茶、圆月腊梅、琴瑟和鸣，欣喜于心的果实，我们试图勾勒出记忆里风雅的画面，质朴的木，温暖的棉麻，带有现代气息金属质感的茶几，在传统与现代的融汇中，我们想找出平衡和文化根源的亲切记忆。“素瓷传静夜，芳气满闲轩”，一室宁静，满室茶香，归属于一隅，更是现实难得的享受。

### 主卧室

没有什么奢侈品比豪宅更能体现一个人或一个家族的声望、实力与品位了，在圈层、健康、舒适、品味、礼遇等五大层面重塑“雅奢生活”的精髓，每一个空间细节，都承载着文化、艺术、品味、生活的态度和对美的追求。美与权利无关，美与生死无关。抛开成见与偏见，怀着炽热的情感去寻找、去发现、去创造我们所坚持的和一直在做的事，怀着坦诚与谦卑的心，折断时刻都在衡量他人的尺子，真正的“美”便会呈现在眼前。

庄子有言“天地有大美而不言”，认为一切自然，不为利害得失所累，既合规律又合目的的统一，既为大美。然而所有的美，所有的艺术最终都体现为人，所以当你触摸一片叶，饮一席茶，听风丛林中穿过，便可以感受到美，便可以寻着前行的意义。

► 平面图

CINDERELLA

# 满庭芳·疏影横斜暗香浮

## 重庆中泰海棠壹品别墅样板间

**项目面积：** 455m² / **项目地址：** 重庆永川永师路口至动物园方向
**软装陈设单位：** 重庆信实装饰工程有限公司 / **软装设计师：** 任艳
**主要材料：** 大理石、木质饰面、木格栅

缥缈若仙的意境，归于平淡的心境，
精琢细雕的细节之美，使得悠长的意境更加“走心”。
与风月对望、花至半开、茶饮半盏，取其意、演其境、用其韵，
不分襁褓与古稀，不分繁冗与岑寂。
这便是东方生活的中式之美。

一石一木，一砖一瓦的点滴感悟，茶香、赏花、研墨、落笔……空间在虚实相生的情景之中，活跃着生命律动的韵味，让人体会到中国文人雅士所称的诗意空间，诸如“疏影横斜”“暗香浮动”把诗意驻留在空间，交织心灵的缠绵。即便如此，中式的意境之美也只可意会不可言传。

本案一改以往新中式白、棕等颜色贯穿整个风格的设计，而是用各种色彩浓郁、鲜艳的软装进行点缀，给人一种雅致、时尚、古典中又夹带现代的感觉。加上设计师对对称手法的巧妙运用，将新中式风格的韵味诠释得更为自然流畅。

亮黄色的背景，给人暖和的感觉，又能达到视觉宽敞的效果。而隔断将客厅和玄关很好地分割开来，制造出不被打扰的空间。一抹素雅的色彩，几笔简练的线条，用最简洁的方式对客厅勾勒出了无限的想象，空间的简单不仅是形式上的优雅，空间在体现中国元素上，摒弃了中国结、雕花等刻意的表达，而是通过空间的摆设、气味、触觉等，来营造中国传统文化的氛围，中式的意境之美也只可意会不可言传。出于自然，而高于自然，情景交融的艺术与哲思，让客厅空间多了一份含蓄的美。客厅四角摆满绿植，让人坐在家中也能感受最清新的空气和自然氛围，得到放松。不必接纳太多喧闹，也不欢迎过分拥挤。安静淡然、清新素雅、不骄不躁、浓淡皆宜，盛一室清宁，方可享一世清欢。这样的家会让人不由自主的放松，让人忍不住沉醉其中，尽情享受生活。

东方美学的意境在此空间演绎的至善至美，浅浅的兰色，淡淡的绿色，优美对称的挂画，无时不刻在描绘主人对清雅脱俗品味的追求。为父母准备的主卧床具使用了沁心淡雅的浅色，赏心悦目。窗帘则挑选了垂度较好，非常柔和的布料，又可以保证隐私又起到了避光的作用。

► 一层平面图

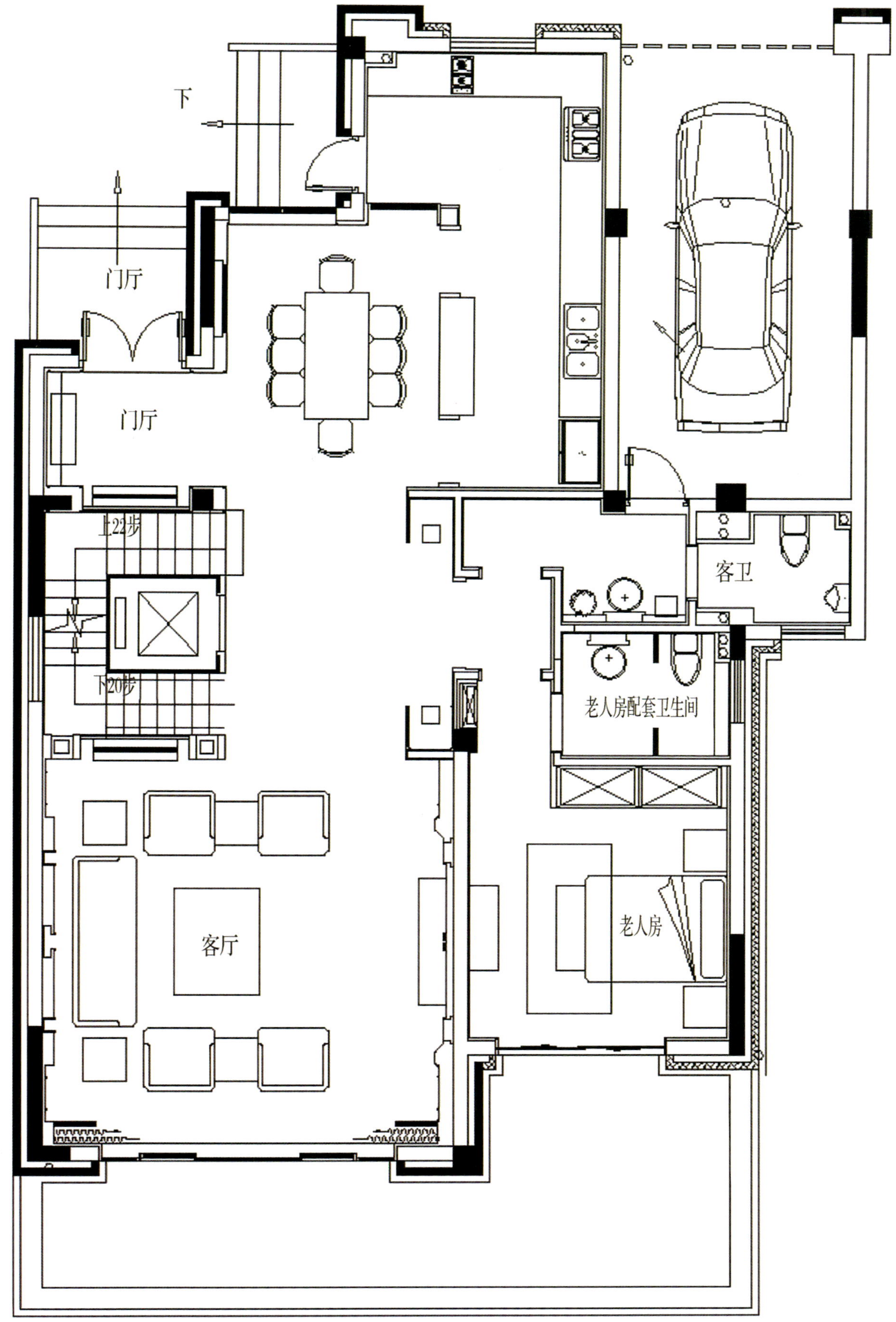

► 二层平面图

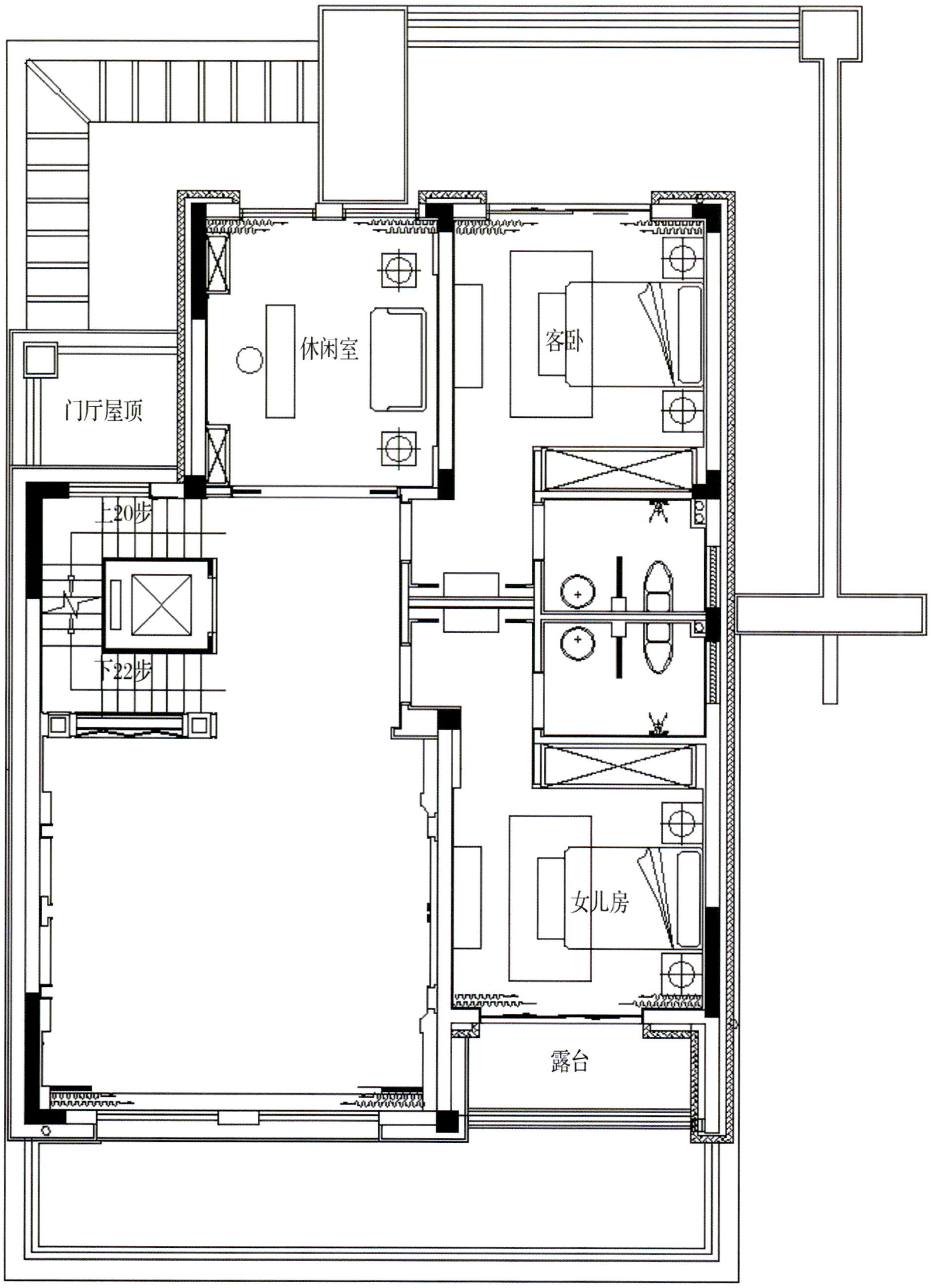

请勿拍摄

请勿拍摄

▶ 三层平面图

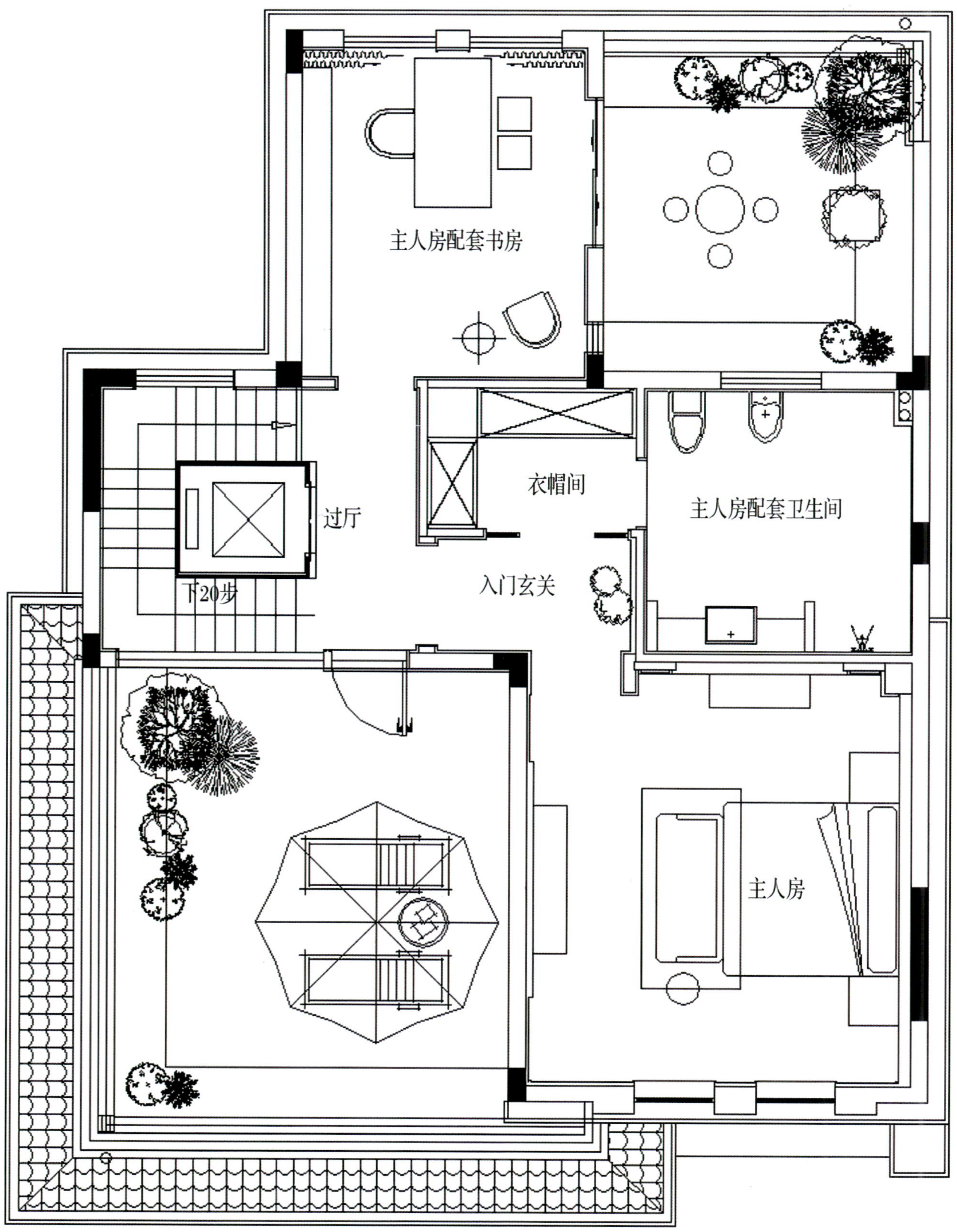

## 新中式空间之

# 现代时尚

现代时尚意境的中式空间，喜在局部做一两处出彩的"文化细节"设计：或采用古典元素，或将古典装饰要素分解，融进空间的某些部位。在造型上，手法自由，造型各异；在用色上，色调没有主次之分，配置自由，从而产生一种新的、特有的视觉效果；在材料选择上，重视不同材料的组合，利用不同材料的色彩、材质和肌理形成丰富的视觉效果。

### 满庭芳·素简轻妆

梦寻蓬莱，暖风怡景，重彩春意难敌。轻点砚台，素笔描画意。大红灯笼高挂，福星照，喜气难抑。话新人，娇柔浅笑，尚简古风遗。蓦见，小径旁，万紫千红，繁花偎依。低吟浅唱间，微拂青丝。栖居江南水乡，净无痕，朱门掩闭。终难忘，古屏银韵，不忆旧来时。

**【解析】**梦里寻找蓬莱仙境，暖风微醺，风景宜人。拿出素笔，轻轻地将此春景描绘。大红灯笼高高挂，福星临门，甚是喜气。新人娇柔浅笑，颇有古典之风。忽见，小路两旁，开满了万紫千红的小花，低吟浅唱间，手指拂过她的发丝。居住于这江南水乡，屋内清扫得甚是干净、整洁，朱门轻轻遮掩着。这良辰美景，终是难以忘怀，以致想不起过去点滴。

不刻意雕琢，不追求花哨，只随性而为，空间采用现代手法与现代元素，但仍不摒弃古典元素，古典红灯笼、朱门、古屏等，不着痕迹地融于现代而时尚的空间之中，并传达出难忘今宵、享悦当下的空间追求。

# 满庭芳

# 满庭芳·山水灵气百鸟绕

## 杭州华夏四季销售中心

**项目面积：** $1230m^2$ / **项目地址：** 杭州市余杭塘路与荆长大道交汇处 / **业主：** 华夏地产
**室内设计：** P A L Design Group / **主创设计师：** 梁景华 / **摄影师：** 张骑麟
**主要材料：** 钢材、木材、石材等

华夏四季售楼中心致力于打造装修成品豪宅的样本，
其利用重檐坡顶的门头、小巧精致的园林设计、写意的室内空间，打造优雅从容的空间。
售楼中心环绕在简洁典雅的庭园中，
与古树、灰瓦、雕刻、花和砖石交织成意境悠远的中式空间。

山水意象与四季交织，海云缭绕，营造优雅，摒弃城市的喧嚣，融合大气写意，设计师在创新发展的杭州未来科技城里，把从容与优雅灌注进“华夏四季”。售楼中心内部各个空间环环相扣，通过简约的线条、清淡的色调配合干练的钢材，传承中式平衡的视觉效果，营造出秀美的新中式韵味。

穿过东方院落的形式节奏层层递进，迈步销售中心大堂是中式的文化底蕴融合现代的高雅，以新中式设计运用现代素材，重新演绎中式的屏风及山水等古典元素，天花流动的线条牵引着空间的大气、宽敞以及东方神韵。跟着流水般的动线徐徐进入洽谈空间，走廊尽头处的挂画成了轴心，平衡空间也延伸视觉；

以素雅的木材糅合石材的自然纹理，展现空间简洁精致的同时，结合屏风的中式镂空线条及艺术摆置，营造出东方的意境之美。既能让人倾以四季相待，亦不乏现代生活的舒适，将这种惬意随性的生活方式融合多功能厅，犹如被群山叠抱。把山水灵气带入灰白色调却不显黯哑，以弧线刻划整个天幕引入天然光线，映衬鸟儿齐飞环秀山庄的连续意象。

華夏四季

▶ 平面布置图

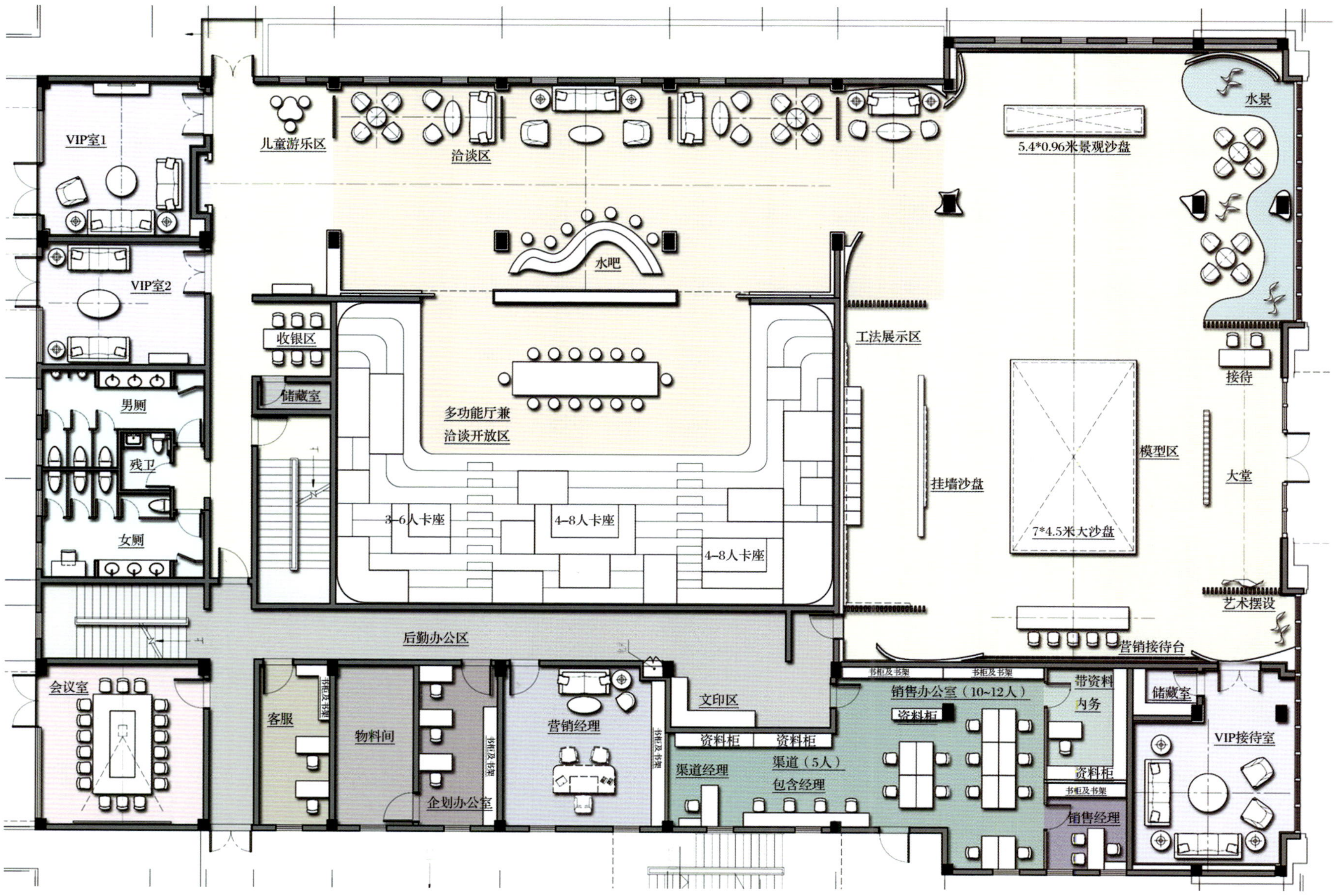

VIP室1
儿童游乐区
洽谈区
5.4*0.96米景观沙盘
水景
水吧
VIP室2
收银区
储藏室
多功能厅兼
洽谈开放区
工法展示区
接待
男厕
残卫
女厕
挂墙沙盘
模型区
大堂
3~6人卡座
4~8人卡座
4~8人卡座
7*4.5米大沙盘
艺术摆设
后勤办公区
营销接待台
会议室
客服
物料间
营销经理
文印区
销售办公室（10~12人）
带资料
内务
储藏室
VIP接待室
资料柜
资料柜
资料柜
渠道经理
渠道（5人）
包含经理
企划办公室
资料柜
销售经理

# 满庭芳·桃源胜境荷花海

## 杭州蓝城·十里风荷

**占地面积**：125333$m^2$ / **建筑面积**：36700$m^2$ / **容积率**：0.29
**楼栋**：245栋 / **主打面积**：137$m^2$ 的二层中式院墅 / **均价**：500万元/套

十里风荷从建筑、园林到户型，紧扣传统哲学“天人合一”的理念，
追求建立居住空间、人文景点、自然景色之间浑然一体的关系，
让归属感不止于眼前的一砖一瓦，而是更广大的天地，
从骨子里满足现代人对传统人居文化的需求。

杭州蓝城·十里风荷，定位为中式低密度住宅项目，位于杭州城西，总体规划为“二进大堂、三会馆、四重庭院”的格局，有天有地有花园，打造出一处桃源胜境。

十里风荷在蓝城多个中式别墅经典之后，再创产品的想象力。十里风荷将容积率做低至0.29，在园林的营造上，师法网师园和拙政园两大苏式园林翘楚，完整地还原了江南的独特韵味。

从项目的主入口，出入样板区，就被几乎完全复制至西子湖四季酒店的门廊所惊艳，江南名园的“门面”豁然打开。而在这门廊背后，藏着5500平方米的公共景观面积，动静结合，张弛有度。

已呈现的两栋样板房，均为137平方米的主力户型，在12米面宽的横向排布中，构建了四套房、一书房，并在接近1:1的庭院中舒展开来。十里风荷的137平方米以上的户型，客餐厅都做成双层挑空。如果业主把上部隔层，可以增加不少使用面积。这样，一套小宅院可设计成五房。3个套房+2个可变空间，带4个卫浴间，可适应不同年龄家庭结构的需要。一楼层高3.6米，二楼层高3.3米，尺度仍十分舒适。加上面宽约12.1米，整个户型异常“薄”。在137平方米的建筑面积里，踏过白墙黛瓦间的四重庭院，从四个套房里迈进迈出，最终停留在书房时才焕然发现：“原来，整整五个房间，四个院子”！五室两厅四卫，全套房设计；餐客一体化设计，客房面积大，朝南带庭院；主卧室四重功能套房设计；卫生间面积大，干湿分离；上下双层设计，居住舒适度高。

多重的庭院设计，让每个室内空间都可将风景拉近。主庭院达百余平方米，提供稳定、舒适的最大观赏面。预留耕种空间，打造真正适合庭院耕作的离地式种植模式。另有设备庭院、客舍景观庭院、中央天井，为每一厅室带来通透采光和观赏景观，亦可置孤峰、盆景、荷缸平添文人雅趣和美好寓意。若算上二楼露台，便升级至五重庭院。尺度高达12平方米的露台，与主卧套房无缝对接，可俯瞰自家庭院的草木葱茏，亦可远眺南面山脉的延绵不绝，还允许阳光的味道同时眷顾卧室和书房。

▶ 一层平面图

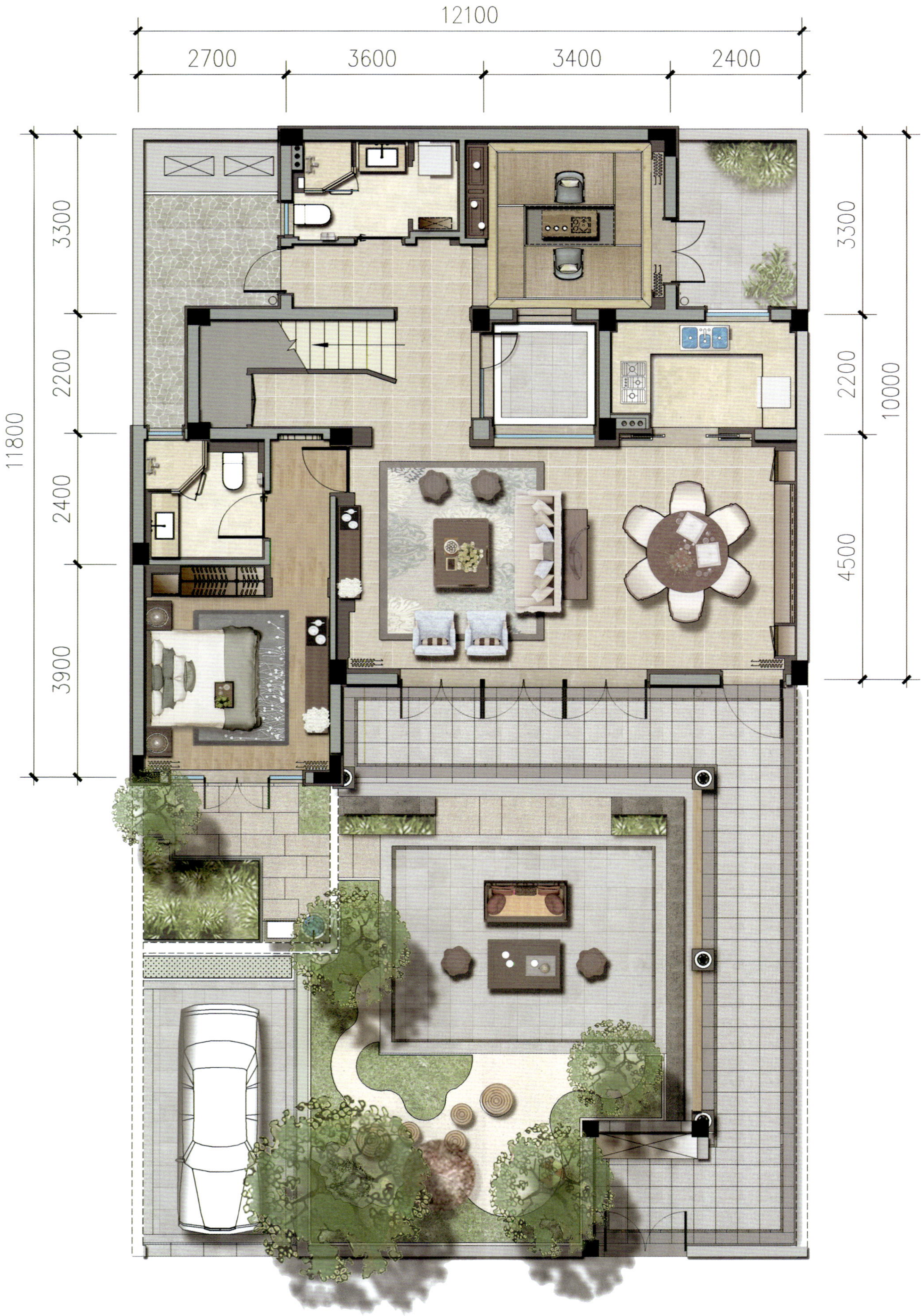
12100
2700
3600
3400
2400
11800
3300
2200
2400
3900
3300
2200
4500
10000

遇见更好的江南

▶ 二层平面图

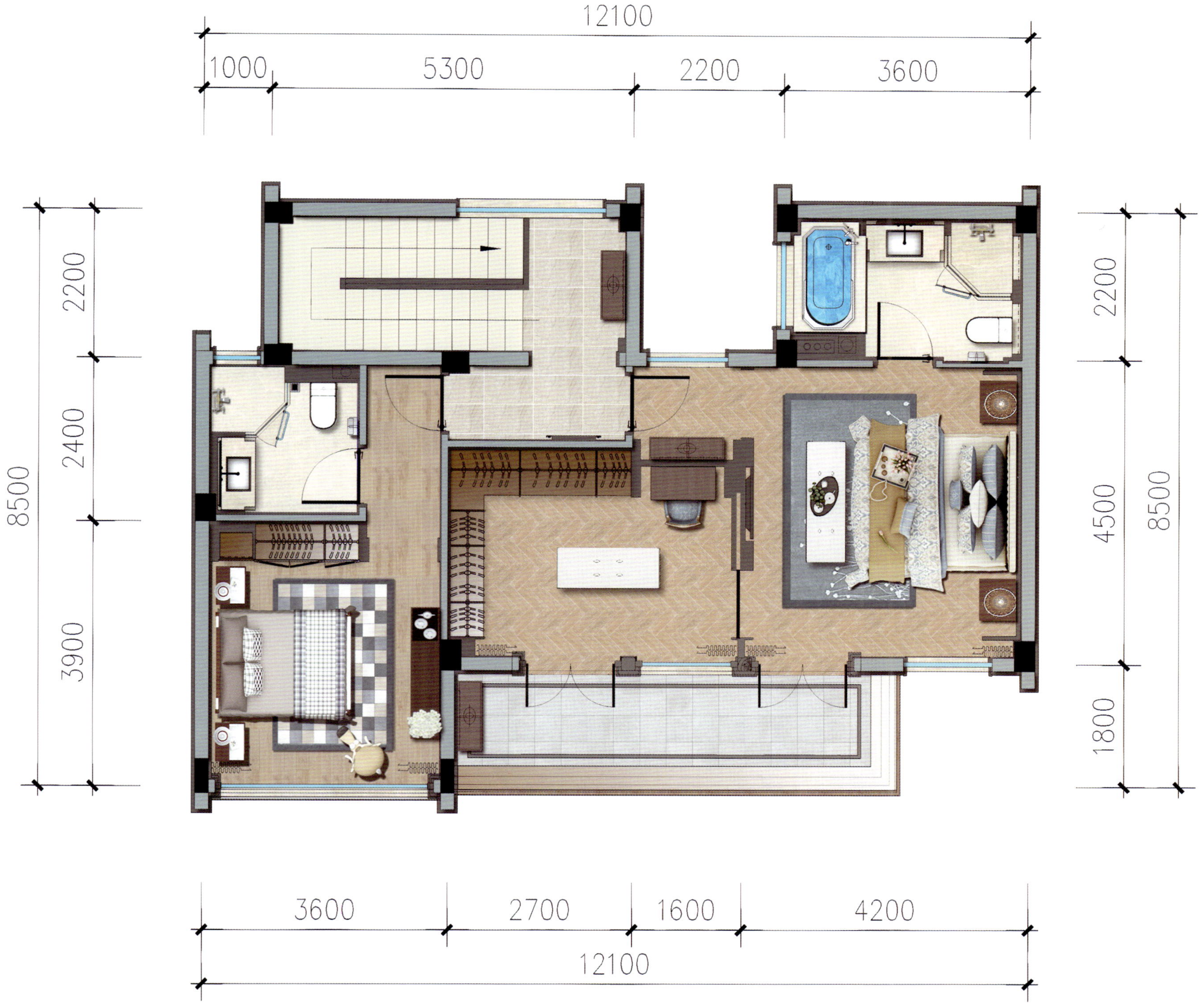
12100
1000
5300
2200
3600
8500
2200
2400
3900
2200
4500
8500
1800
3600
2700
1600
4200
12100

# 满庭芳 · 风华绝代新东方

## 杭州金地 · 西溪风华售楼处

**项目面积：**736m² / **项目地址：**杭州市余杭区五常街道常二路与方桥路交叉口西北侧 / **业主：**金地集团
**室内设计：**杭州易和室内设计有限公司 / **软装设计：**杭州极尚装饰设计工程有限公司
**室内设计主案及执行：**李丽、傅庆州 / **软装设计主案及执行：**祝竞如、俞丽娅 / **设计指导：**马辉、韩舒
**主要材料：**树脂琉璃、古铜、夹绢玻璃、朱砂红钢琴烤漆板、绢丝手工墙绘、常规材料等

作为金地风华体系的第一个落地项目，在极富江南水乡的气韵中，设计师以“风华绝代的新东方韵味”为来访的宾客们倾力打造出一个兼具心灵归属感与文化情怀的体验之所，窥视设计创造价值的无限可能。

莲花静水景池荡起涟漪，高大的立体钢艺书法景墙优雅伫立，古朴大堂吊灯闪烁着迷人的光泽，悦耳悠扬的乐声缓缓传来，引人沉浸于一片空灵境地……这里是坐落于杭州西溪的金地 · 西溪风华。

沙盘区用东方美学的逻辑来思考当代的设计语言，更时尚、更艺术，当然也更具情怀。朱砂红钢琴烤漆板与高级灰天然大理石的完美搭配，并以古铜点缀，彰显出整个空间恢弘高雅的品质。墙面上精美绝伦的树脂琉璃又和地面大理石交织，相互凝视、呼应、共鸣，视线所到之处弥漫着风华绝代的新东方气韵。特别定制的大型吊灯，盘踞沙盘区上空，与建筑原有的通高中空结构互相结合，巧妙营造了空间内光与影的曼妙效果。

踏足洽谈区，别具匠心的落地窗设计是室内的一大亮点，通透的落地大玻璃窗令室外绿意盎然的自然风光一览无遗，自然光线随着时间在室内投下丰富的光影，使室内外空间得以延伸和渗透。墙面的装饰上，有别于以往的形式，设计师别出心裁地把画作为背景，并结合著名国画大师张大千的山水画和现代琉璃材质，实现了更时尚的东方美学及文化氛围。

移步VIP休息室，即见设计师在细节处理上的用心，吊灯趣味性十足，一盏盏水珠状的小吊灯，轻盈灵动，与背景的水墨山水画勾勒出一副生动的江南烟雨图。

驻足停留片刻，细究整个空间内每件家具给人的感觉并没有很明显的东方元素，材质的运用也颇具现代气息，但经过设计师的一番搭配之后，家具间的相辅相成巧妙地造就了新中式的高雅意境。

设计师与建筑、景观、幕墙等各专业紧密配合，大到建筑与户型格局的优化、景观的神态、路径的铺设，小到山水、石头的摆件等，无不追求与室内空间里的装饰调性等遥相呼应。空间一经投入使用，便受到市场的认可与追捧，东方气韵以更时尚的方式去诉说，直击人心，意境无穷。

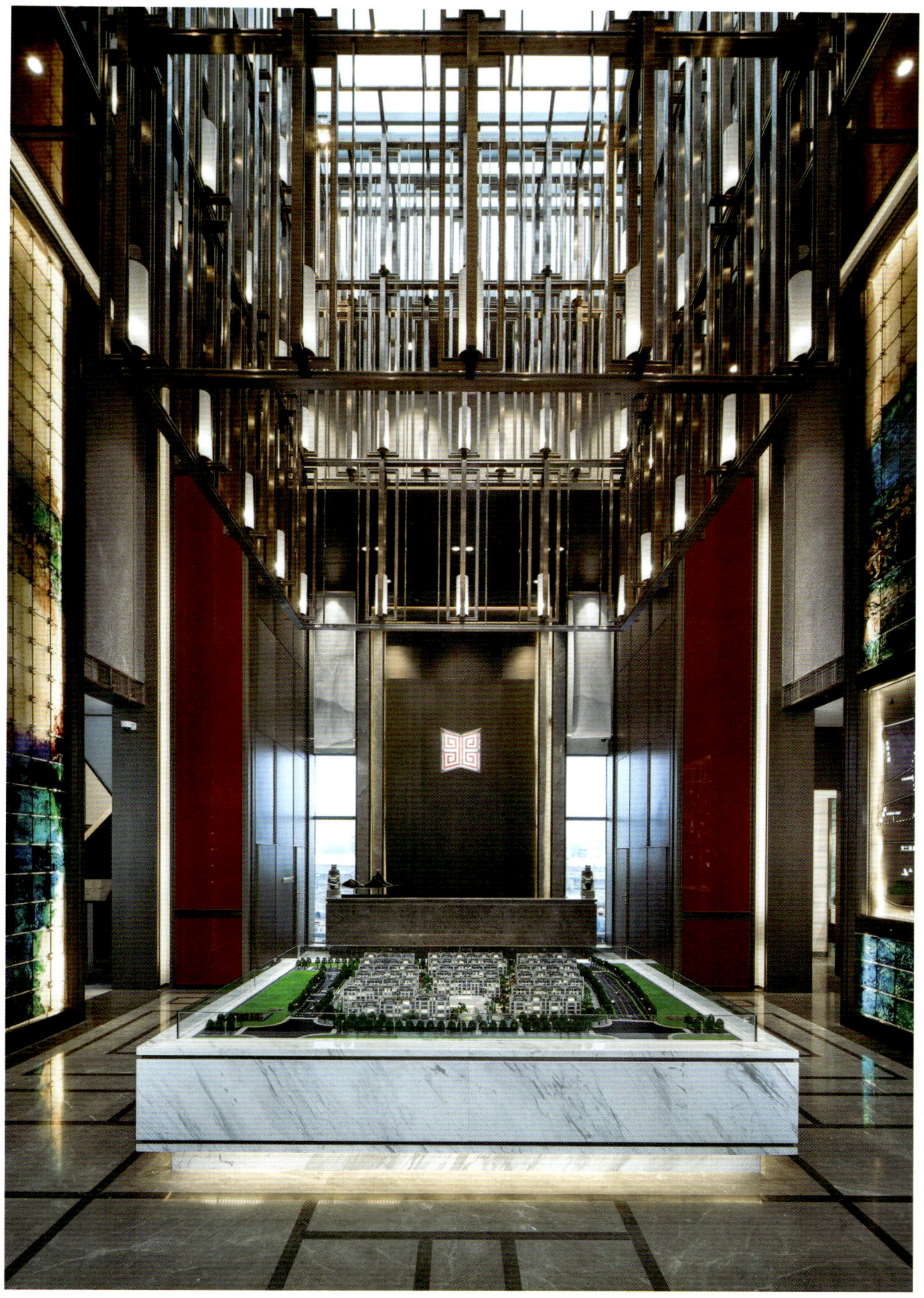

FEMALE

# 满庭芳·素心一抹白

## 深圳心海岸会所

**项目面积**：$600m^2$ / **项目地址**：深圳市南山区白石路东8号 / **设计公司**：埂上设计事务所
**主案设计师**：李良超、文志刚、黄元满 / **摄影师**：黄缅贵
**主要材料**：水泥、大理石、原木、亚麻

深圳心海岸会所摒弃装饰、放弃色彩，用一抹白贯穿始终，
在光的照射下，白色的墙面成为了这幅异乎寻常的画作的主角，
用以表现他们所追求的“净”，白而质朴的空间，
以无为而至无不为，也呈现了生活本应具有的样子。

“菩提本无树，明镜亦非台；本来无一物，何处惹尘埃”。在心海岸会所这600平方米的土地上，所有的设计都在极力传递着一种心境间的交互相生：相由心生，境随心转。因此，素雅、质朴、净白，这些本就相生相守的事物便成了这里的全部主题。

他们在空间中起承转合、若影若现。不管是元素的酝酿勾兑，还是色彩的斑斓起舞，形意相通，心心相印，共同谱写出一派铅华洗净、与世无争。白色，能将设计气质表现得淋漓尽致，因而设计师将白色融入设计中，演绎他们要表达的设计灵魂。

“素”：尝尽人生百味后的单纯，历练之后的直心。光影度化的空间，恬淡悠远，给予人触感与辨识的体验。感悟事物存在的特定个性，以纯粹的“素心”触碰五彩、遍尝五识，品味文化流淌于舌尖的滋味。

“朴”：大巧若拙之意。寓意触感、常见、熟悉、富有辨识度。一旦光华退，人心厌而随手弃置。其自然之造物本无贵贱，事物本身即是人心本身。感受事物的本来表里，即是人自身的内心写照。因此无所谓新旧，百十年如一日，经久不衰，是为质朴。

“白”：既是空的显现，也是事物的镜面。空者，净也；若无不净，净从何来？为此，自然粗犷的天然材质依次出现：水泥、大理石、原木、亚麻……

因空而精、因白而美，一色读尽大千世界，极乐百态融汇方寸之间。并有借光以明暗，构筑虚实，巧于色彩灵动，精于纹样婀娜。清甜香醇，形意悠远。

白之于空间，在于彰显其他：藤枝落叶、泼墨花鸟、虫鱼灯盏、什邡木具，在白之前、在白之中、在白之后、在白之上。其性格自由而纯粹，亦最为不争，正所谓“夫唯不争，故天下莫能与之争”。尽聚视野，处心于一处，观物于一井，细体其妙，物我两忘，人在画中矣。

▶ 一层平面图

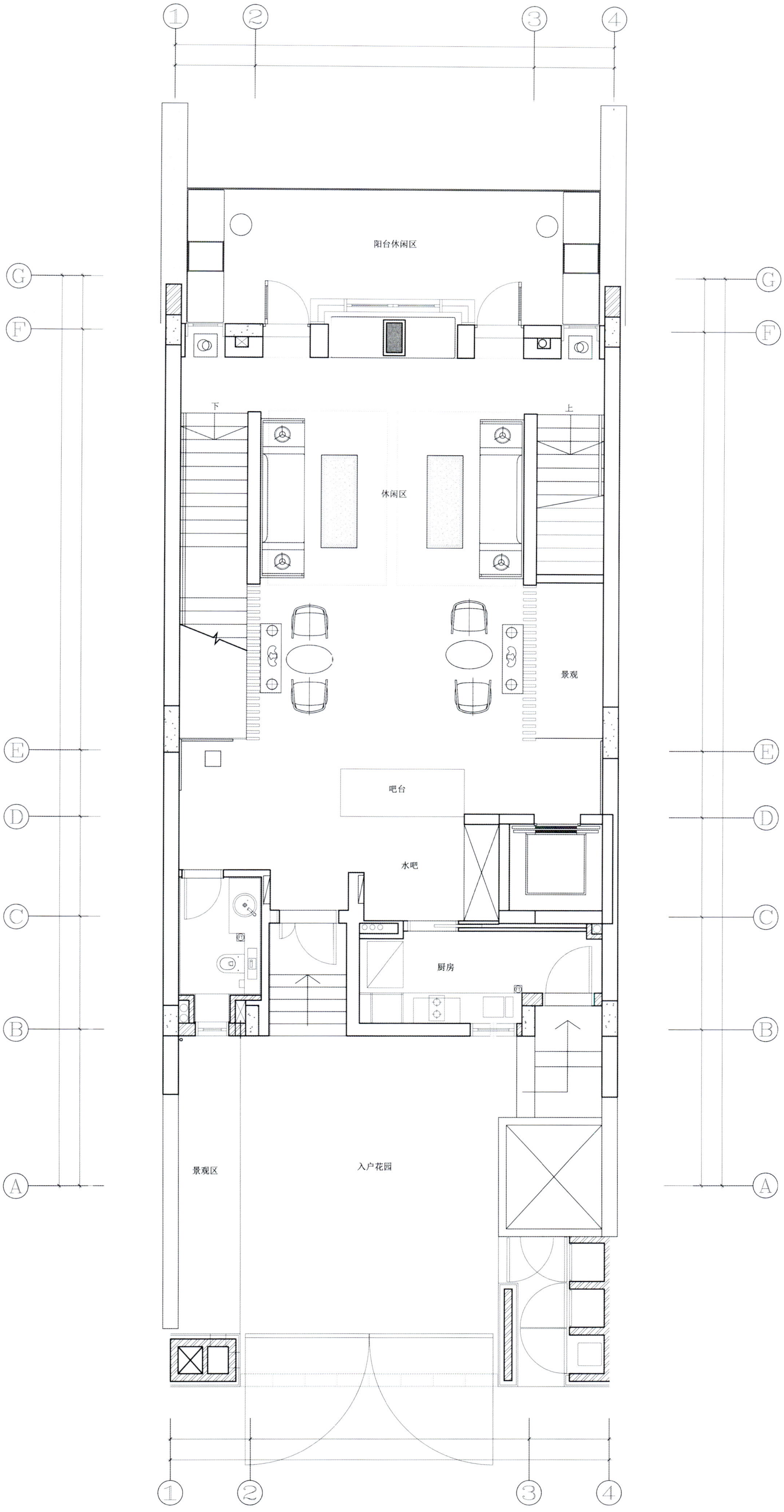

▶ 二层平面图

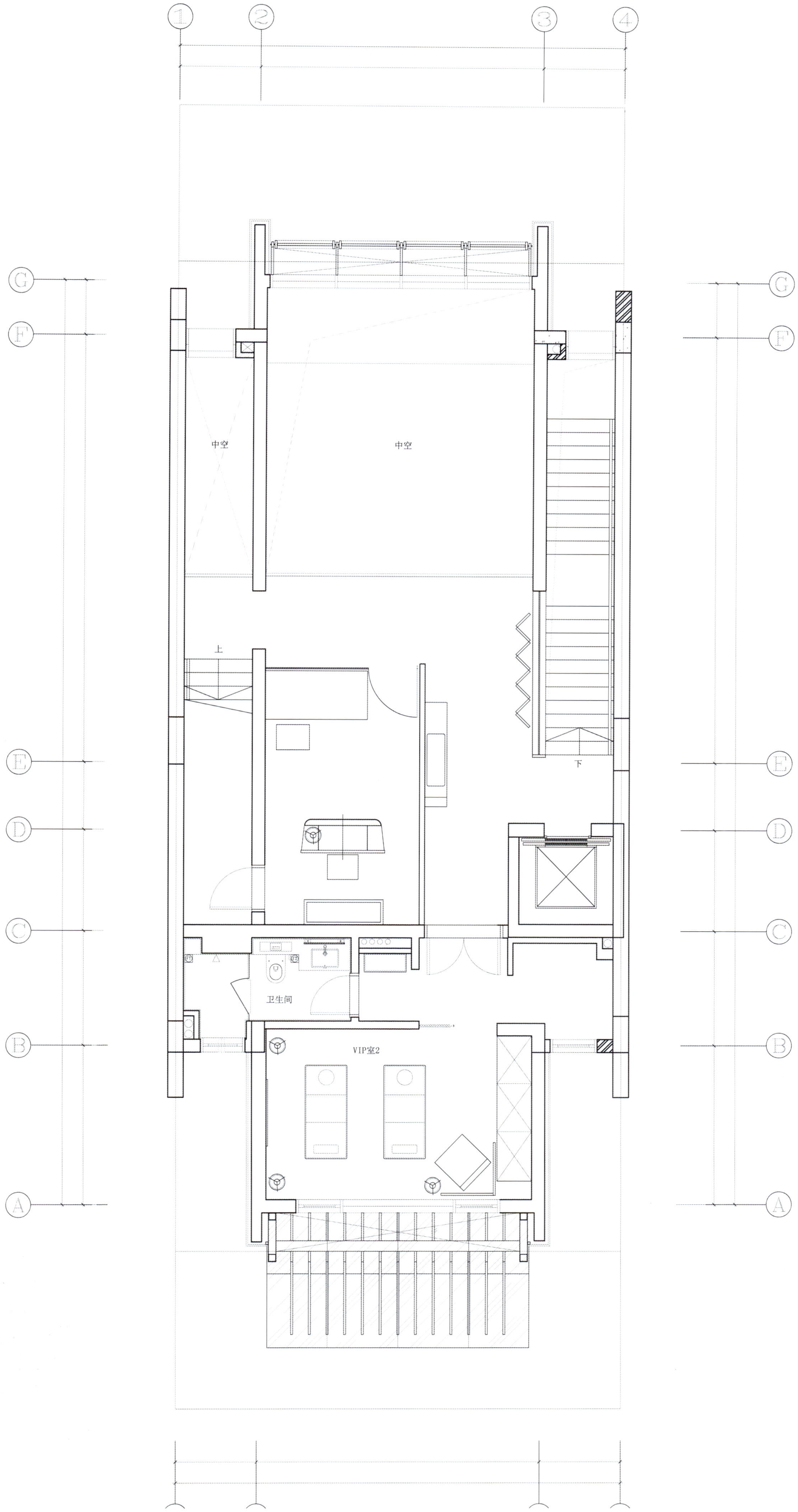

▶ 三层平面图

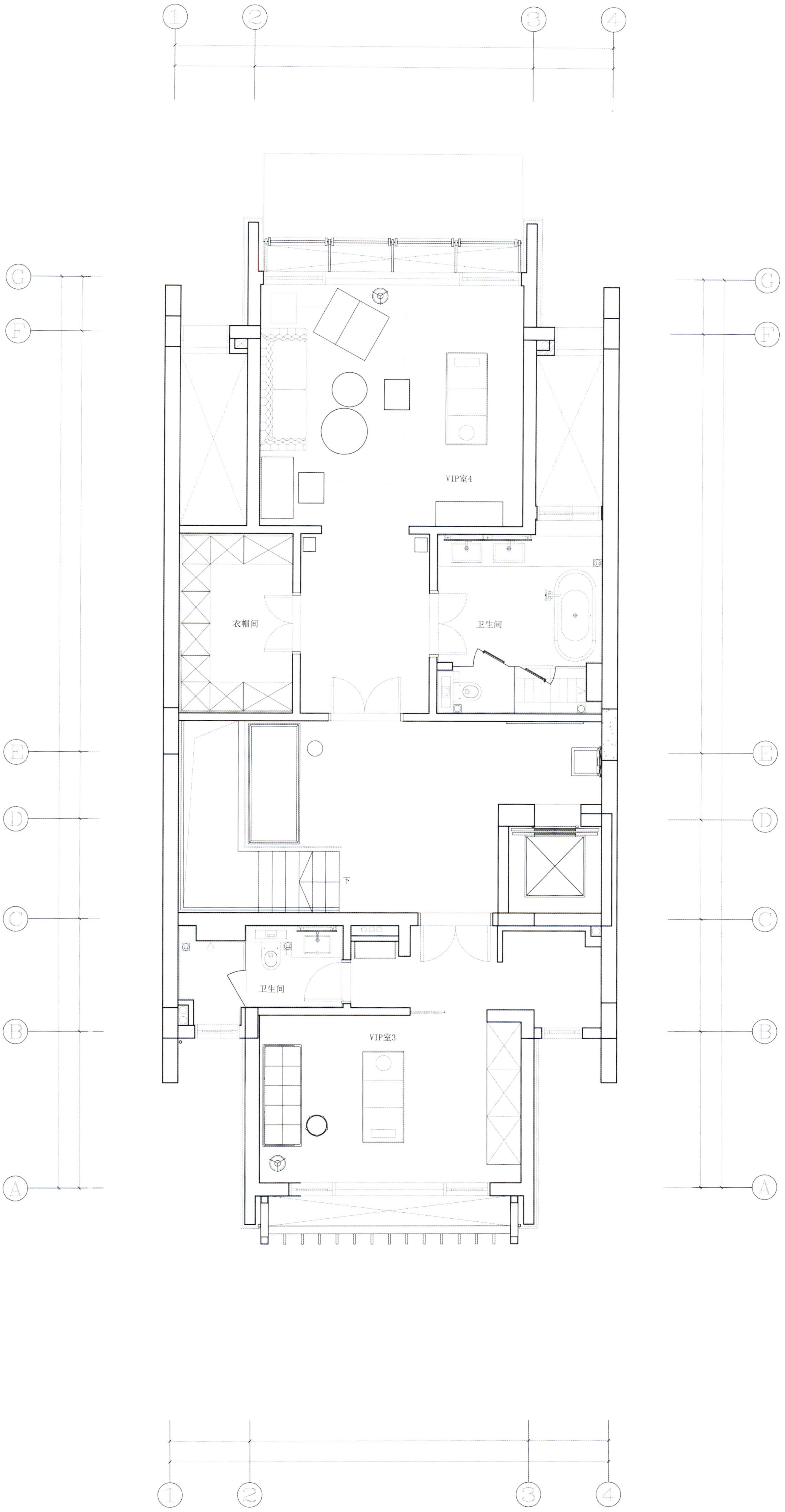

# 满庭芳·汉唐国学纳四海

## 西安绿地城中央宫会所

**项目面积**：2400m² / **项目地址**：西安市长安区任家寨村站 / **开发商**：绿地集团
**设计机构**：集艾室内设计（上海）有限公司 / **主创设计师**：黄全 / **设计师**：熊团辉、孙天俊、田克宇 / **软装陈设**：陆曙琼、汪丽 / **摄影者**：鲁芬芳
**主要材料**：欧亚木纹大理石、爵士白大理石、古铜拉丝不锈钢、木纹铝板、竹木地板

绿地城中央宫会所以汉唐文化为基础，打造国学书院，
拉近人与人之间的距离，体现人文关怀，以书院为载体隐喻中国的传统，
体验文人智士的绝代风华。

中央宫会所的大厅区域两侧超高层的书架左右对称，而饰品陈设营造出皇家书院独有的仪式感和序列感。主入口处的大型艺术吊灯装置为此项目的设计亮点，一片一片散落在空中如历史的印记，一步一个脚印见证着汉唐盛世流传至今的悠远文化底蕴。

中庭区博古架内陈设的艺术品代表着历史文化的博大精深和经典传承，也是用一种直接的方式和文化符号，去表达设计师对历史文化的敬畏。

负一楼设置了各种多功能分区，以艺术陈列区到书吧为重要展示部分，体现了内敛雅致的文化气质。负一层还单独设置了咖啡阅读区和儿童阅读区。游廊连接了以文化气息为主的书院特色和以轻奢生活方式为主的娱乐场所；整体布局动静分离，动者：争美誉万千，享年华无限；静者：听窗外风雨，看花开花落，品诗书无限。

晶莹剔透的枫叶翩翩起舞，结合西安深厚的历史背景，演绎更为适应现代人生活的方式，定义为“皇朝风范”的书院生活馆：设计师以浓厚唐朝艺术文化为根基，融入现代西方文化，将陶瓷、书画等中式元素植入到现代建筑语系，将传统意境和现代风格对称运用，用现代设计来隐喻中国的传统。

雅致的中式风格设计搭配现代的功能设施毫不违和，让空间呈现更加多样化和具有丰富性，功能性的空间在提升品位的同时，也为繁忙的工作和生活之余留有一处放松与闲适，细节的处理与整体空间的风格特点相呼应，健身房采用半阳光房的设计，让运动和自然亲密接触，享受阳光的温暖与自然环境的美好。

▶ 会所1F平面布置图

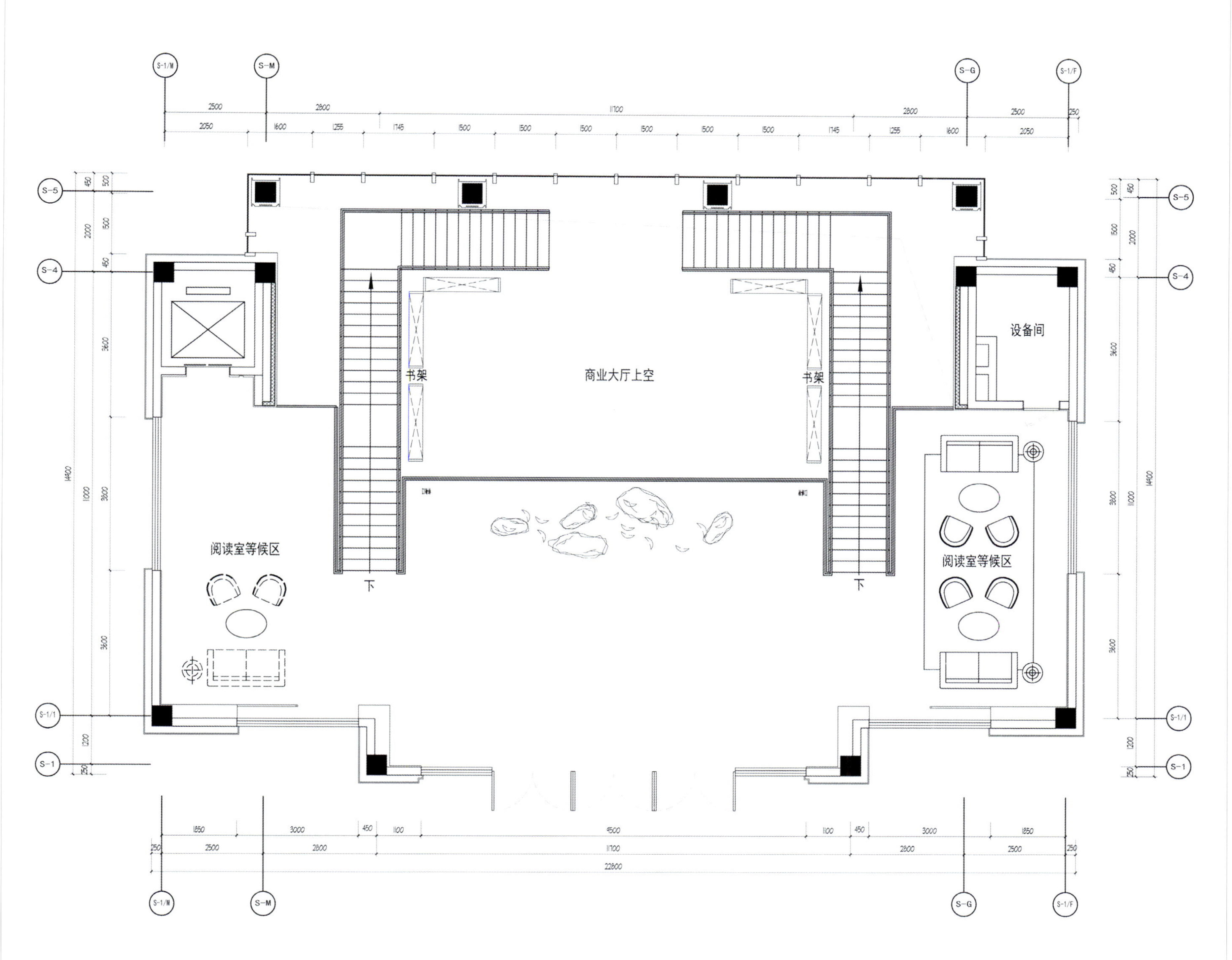

▶ 会所B1F平面布置图

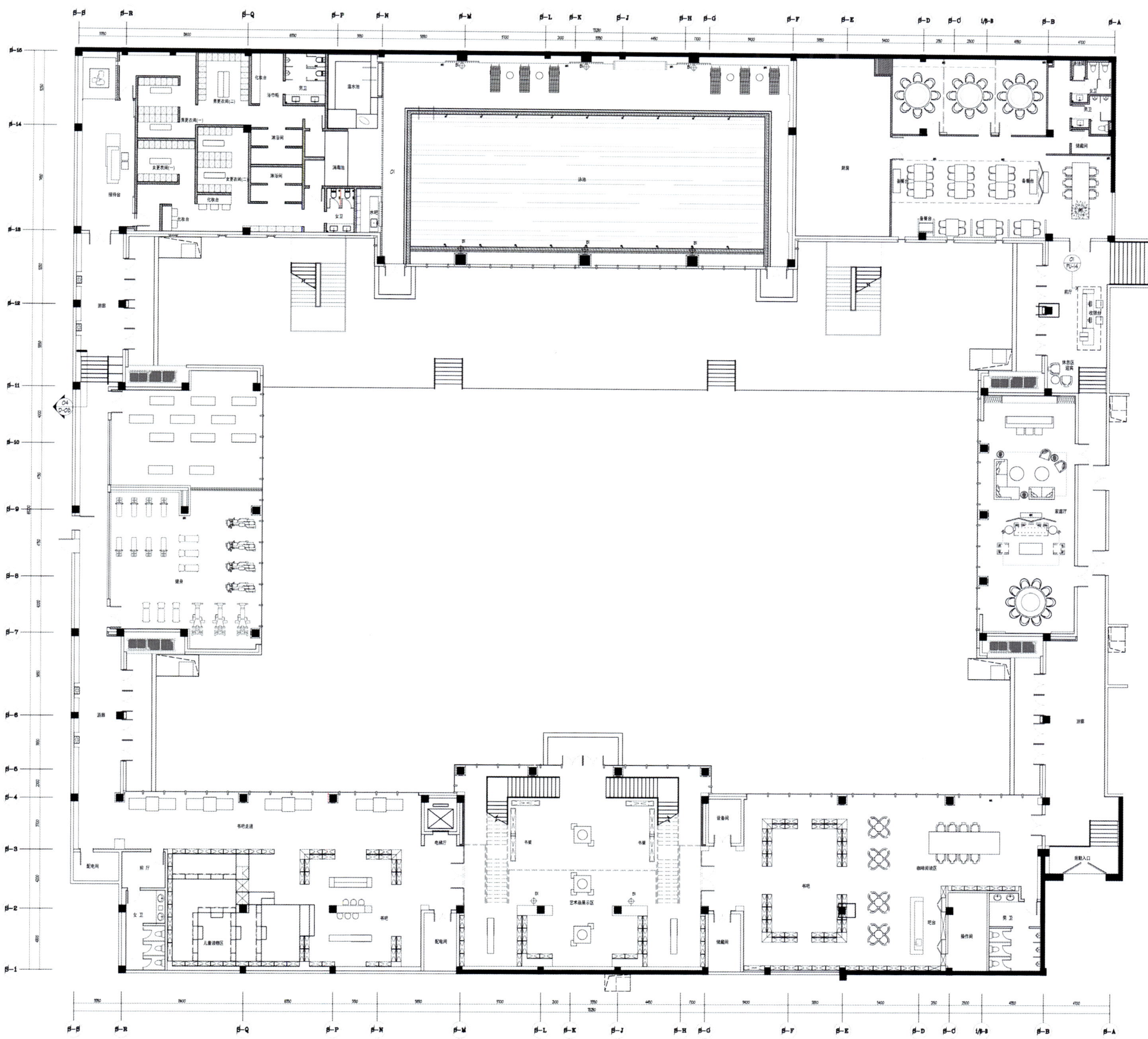

时事政治
时事政治

国学经典
国学经典
国学经典

# 满庭芳·大珠小珠落玉盘

## 西安湖光山色营销中心&餐厅

**项目面积**：1000m² / **项目地址**：西安市西咸新区沣东新城 / **业主**：西安沣东地产有限公司
**设计公司**：印象空间（深圳）室内设计工程有限公司 / **主创设计师**：张佳雄 / **参与设计**：刘嘉敏
**主要材料**：大理石、黄古铜、水曲柳、胡桃木、金属、地毯、墙纸

一个地方，一份味道，一种文化，一段历史，设计因地域的不同而变得独特。
设计师从西安古都历史沉淀中寻找灵感，并通过现代设计语言加以提炼，
使文化历史成为设计价值的一部分。

湖光山色项目位于西安历史遗址观光带上，结合周围环境及甲方需求，设计公司最终将西安古都情怀融于作品中，于细微之处传递意境之美。

营销中心由大堂区、沙盘区、洽谈区、水吧区、景观休闲区、儿童游乐区、VIP区、咖啡厅等主要功能区域组成，多种功能空间组合模式营造了丰富的场所体验感。

进入大堂中心，数百根不锈钢条垂吊而下，宛如瀑布“飞流直下三千尺，疑是银河落九天”，成为整个空间的视觉焦点，启动后，水珠从不锈钢滴落到地景的水中，呈现出“大珠小珠落玉盘”的动感。

沙盘区采用简单、大气的设计手法，没有浓墨重彩的奢华场景，更多的是将历史古都的韵味带到细节中，如格栅、窗棂、黛青色摆件、意境挂画等东方元素都透露着古韵，并融入大理石、玻璃、灯带等现代材料，在营造意境的同时兼顾场所的使用功能。

洽谈区的设计化繁为简，家具材质及款式摒弃繁复浮夸，以大面积的灰白色调为主，细节处以明黄色、宝蓝色点缀，整个氛围沉稳大气而不单调。VIP区域以雅致的米白色和简化的线条打底，奠定空间的基调，为提升舒适度，沙发椅选择造型简约的现代款型，通过线条的弧度拿捏出中式的味道。

值得一提的是，走廊干景步道的景观软装，一个集观赏、生态、自然于一体的设计。小巧石笼、粒径不等的滩石，旱湿均可培植的苔草地被，有机地组合在一起传递古朴自然的审美趣味，让营销中心的意境之美浓郁几分。一体成型的景观软装拥有成熟的模拟系统，可控的土壤温度、浇灌循环等维持着生态蓬勃，无论是呈现效果，还是后期维护，都无可挑剔。

休闲餐厅独立于营销中心，保留原始结构以混凝土工业风为主，相对于营销中心，餐厅更多的营造一种放松、休闲的用餐氛围。混凝土墙面及灰色六边形地砖展现材料的本质之美，让整个空间呈现出美而不俗，干净舒适的休闲感，以灰白为主色调创造出空间的反差与对比，通过不同层次的灰色渗透，令空间层次感更强。清峻的灰色空间，加入木质家具，水彩挂画及彩色小摆件，瞬间提升餐厅的温暖度，柔和冷硬的质感。

▶ 一层平面图

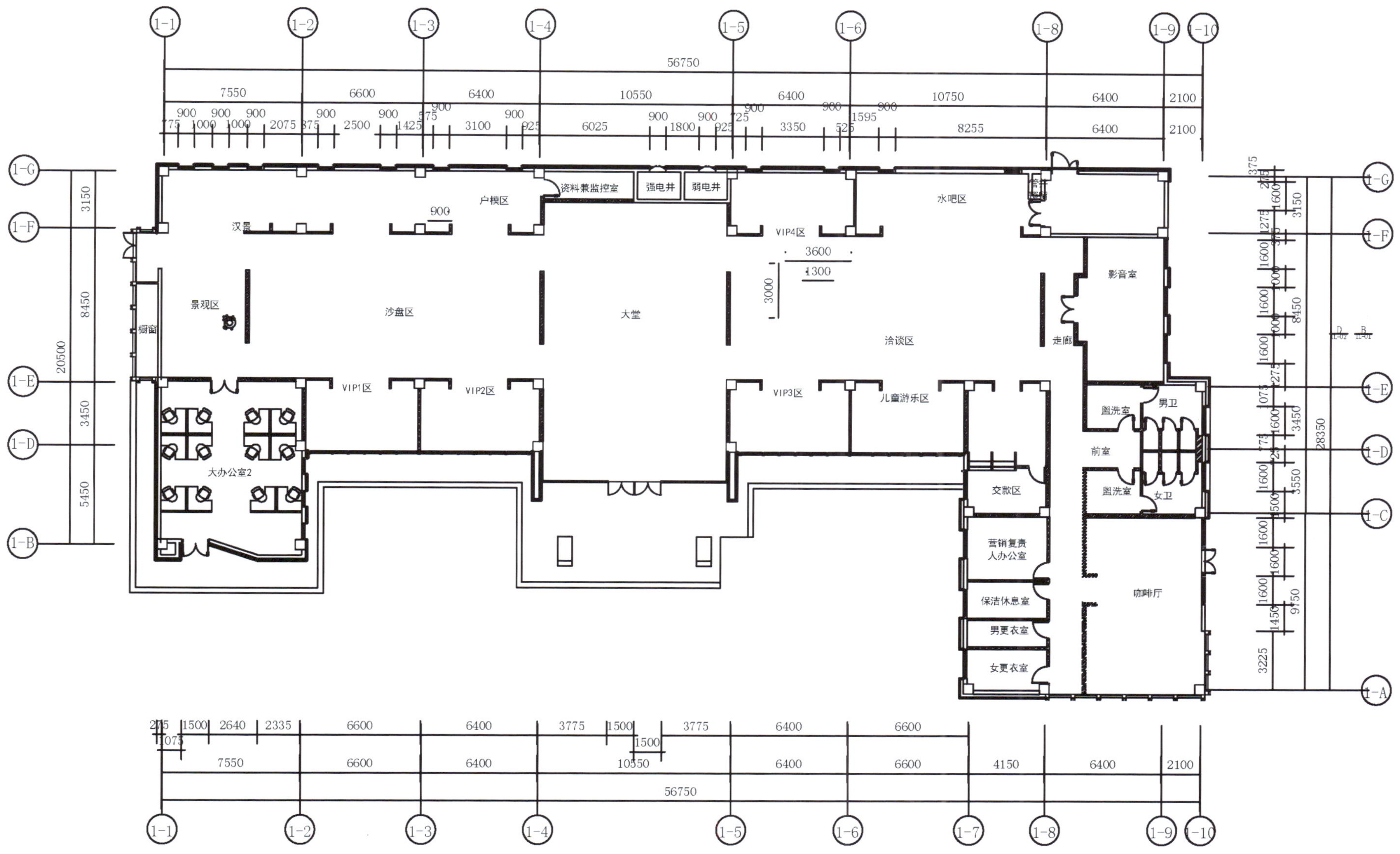

汉景
户模区
资料兼监控室
强电井
弱电井
VIP4区
水吧区
景观区
沙盘区
大堂
洽谈区
影音室
走廊
VIP1区
VIP2区
VIP3区
儿童游乐区
大办公室2
盥洗室
男卫
前室
女卫
交款区
营销复责人办公室
保洁休息室
男更衣室
女更衣室
咖啡厅
56750

# 满庭芳 · 九宾之礼老广味

## 广州金融街 · 融御

**项目面积：** 2000$m^2$ / **项目地址：** 广州市海珠区石岗路（珠江北侧）/ **业主：** 金融街广州公司
**建筑设计：** 北京天华北方建筑设计有限公司 / **室内设计：** 上海曼图室内设计有限公司
**主要材料：** 玻璃、木质、金属

"金融街 · 融御"以岭南山川的秀丽为依托、以老广文化的终极内涵为出发点，
温润宜人的现代东方设计，展现独具匠心的贵气风雅，
富中见贵，贵中见雅，雅中营造出一幅徐徐展开的山水画卷。

岭南民居、广式大院、骑楼商业、珠江水岸，点滴的元素构成了广州人再熟悉不过的生活。项目立足于这一出发点，在总体规划上，着力打造还原老广州生活的居住社区。在前期示范区上，力图通过巧妙的空间营造，回应老广人的精神生活。

在建筑呈现上，将"之上"和"之下"的空间概念从传统意向中提炼出来，并以纯粹的建筑手法进行了还原：一个被最低限度的支撑所托在空中的，没有任何竖向阻隔、全玻璃的横向通透空间，并且借由从拾级而上到漫步而下的路径规划，完成从若隐若现，到豁然开朗，再到俯拾回味的空间叙事体验。

经过长长的林荫甬道，来到示范区入口，经过地形的缓缓抬升，来到售楼部的入口前场，建筑临水而建，抬高一层。穿过入口叠水景观，拾级而上，在潺潺水声中进入内部，空间水平维度瞬间扩大，包揽整个公园和珠江的景色。建筑空间与水、与公园紧密结合，呈现多种场景氛围。步入建筑悬挑的一层空间，放眼望去，绿色环绕，远离城市的喧嚣，隐约可见孩童的嬉戏，老人的漫步，组成一幅惬意的生活画卷。

通过庭院的巨大景观阶梯，伴随着碧波与春色，步入二层的售楼大厅，一场东方诗意与唯美的饕餮盛宴就此拉开帷幕。5米的层高，结合着九宾之礼的文化符号，沉稳含蓄的木色，精致的海棠角，在最高礼遇下，将场所的文化精神传递给每一位宾客。穿过雕琢精致的金属屏风，视野瞬间悠远开阔，置身沙盘区，仿佛身处岭南的群山之中，朦胧间，有光透过，如梦似幻。"仁者乐山，智者乐水"，中式山水画的融入赋予空间优雅唯美的东方气质。

水吧洽谈区则摒弃了传统售楼处的功能模式，将中国的茶文化与整个销售洽谈区进行了完美的融合，将中国的传统文化得到了很好的表达和传承。

一层则为工法展示及营销人员办公区，动线互不干扰，并利用架空区域，结合景观设置了宾客休闲活动平台，亦动亦静，浓淡相宜。

营销中心

一府融御 半壁珠江

▶ 一层平面图

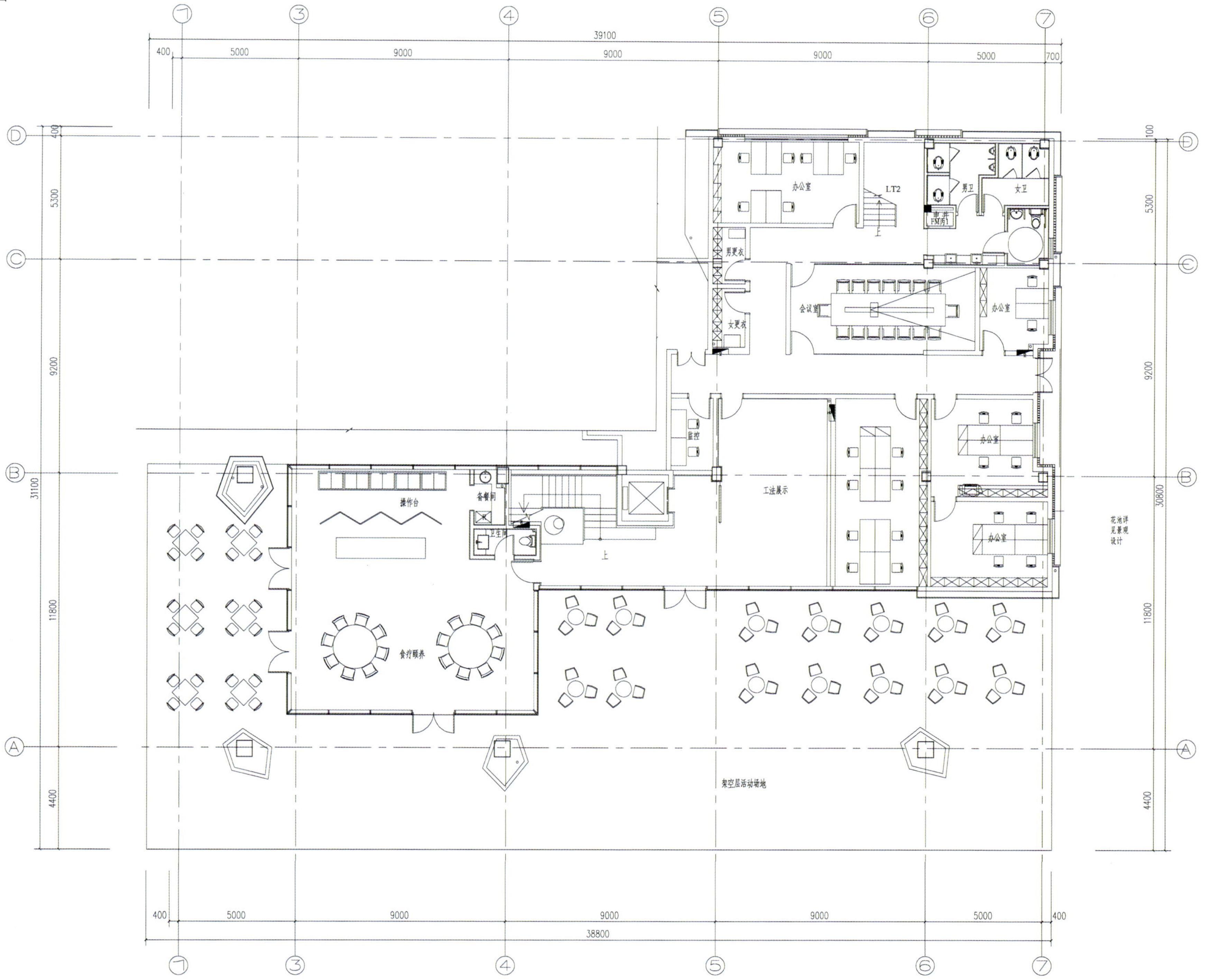
39100
400
5000
9000
9000
9000
5000
700
办公室
LT2
男卫
女卫
电井
FM丙1
男更衣
女更衣
会议室
办公室
监控
工法展示
办公室
办公室
操作台
备餐间
卫生间
上
食疗颐养
花池详
见景观
设计
架空层活动场地
5300
9200
11800
4400
31100
30800
38800

GOLDEN BAY

▶ 二层平面图

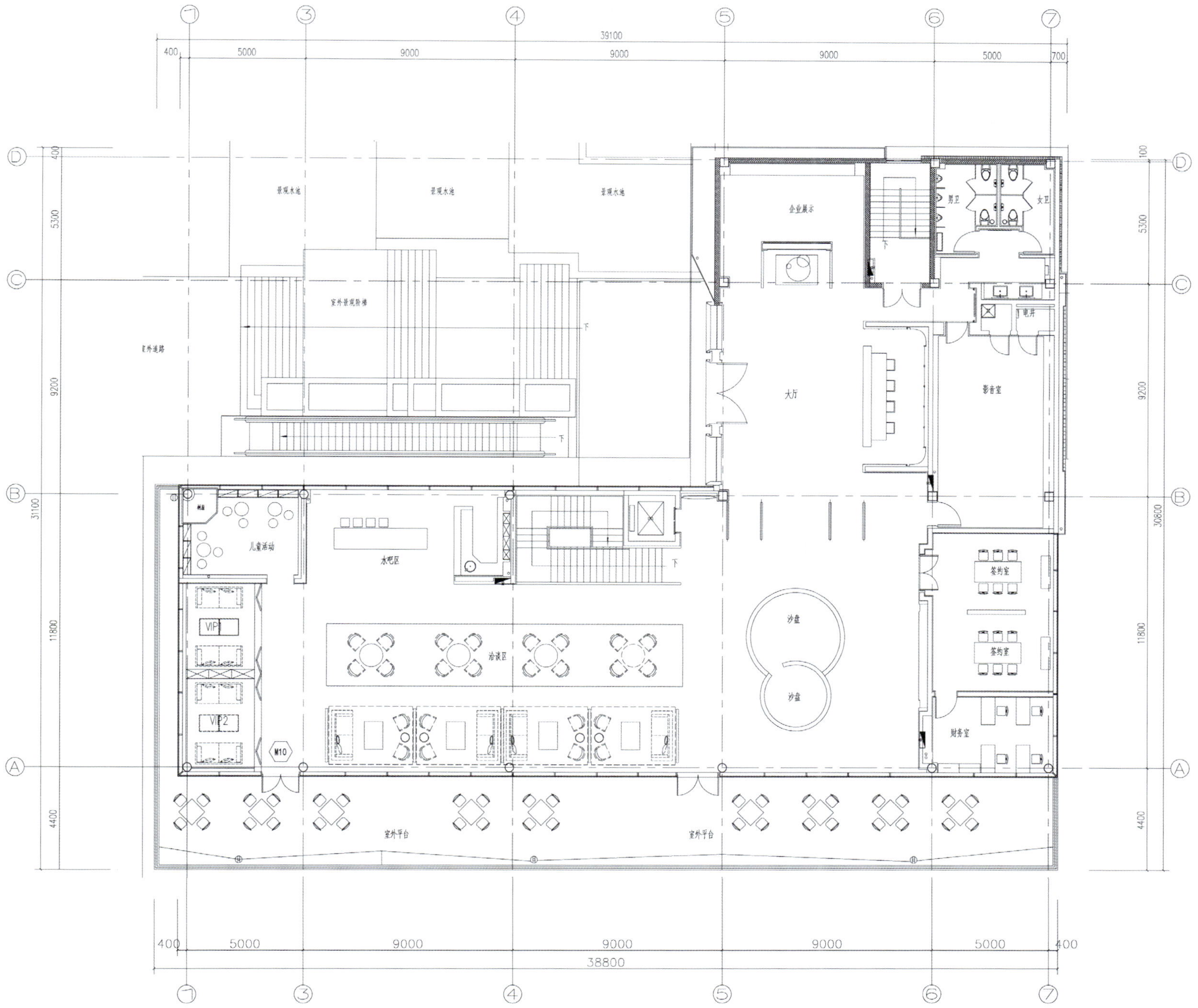
39100
400
5000
9000
9000
9000
5000
700
38800
400
5000
9000
9000
9000
5000
400
5300
9200
11800
4400

# 满庭芳·淡烟古墨听萧竹

## 南京金地中心·风华河西南销售中心

**项目面积**：800m² / **项目地址**：南京市江东南路与龙王大街交汇处
**设计公司**：深圳矩阵纵横 / **主创设计**：刘建辉、王冠、王兆宝
**主要材料**：孔雀蓝玉大理石、珊瑚海大理石、黑铁氟碳漆、法国木纹大理石、工艺地毯、黑白根大理石、木饰面、玫瑰金不锈钢

南京金地中心·风华旨在秉承古都金陵的文化渊源，
以时尚、文化、归属为理念，打造一座镌刻着民族文化印记的高尚居住社区，
让人们感受到更时尚的东方美学、更熟悉的风土人情和更文化的舒居体验。

南京金地中心·风华河西南销售中心的建筑通过提炼传统建筑、工艺、家具、装饰等品类，并以现代人能够欣赏的形式进行解构和重构，实现东方意向与现代手法的融合。建筑师巧妙地将中国传统“月亮门”的形制加以演绎，采用金属构件冲压，再与传统文化代表元素“银杏叶”搭配组合，创造了时尚别致又兼具文化韵味的入口形象。

标志性的“装饰立板”设计充分体现出东方建筑对“匠”的重视，为了让其形式与建筑主体相得益彰，建筑师将平面设计的手法纳入到建筑设计中，创造性地设计出兼具时尚气息与文化韵味的图像，并通过实体打印的制作工艺，实现了“一体化，不分缝”的匠心制作。

在材料上，立面以浅米的石材、真石漆、仿铜金属、木纹等材质作为主要材料，结合独具匠心的组合搭配以及严苛的制作工艺，展现出建筑形象的“落落风华”。

室内空间设计在传统和现代之间寻求平衡，从传统语汇出发，取其意而不破其形，在意境东方的主题之下诠释更多的现代情致。家具与空间语境相互融合，以屏风作为隔离，让空间之内的诸多中式元素疏密有致，相得益彰。手绘墙纸和传统书画艺术的抽象性运用，点缀以寂之物，赋予空间淡雅悠远的东方韵味。

金地中心 風華

▶ 一层平面图

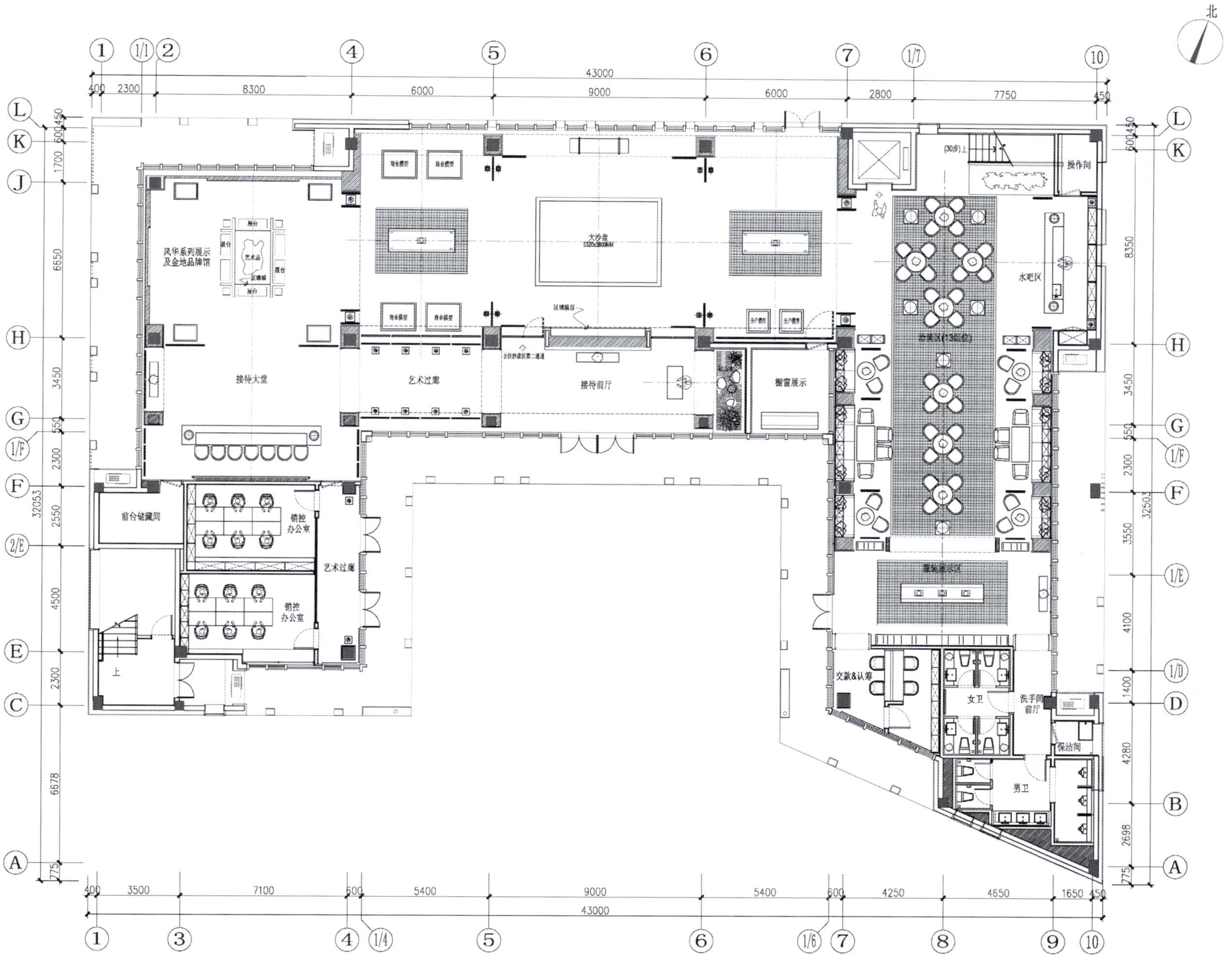
北
风华系列展示及金地品牌馆
接待大堂
艺术过廊
接待前厅
大沙盘
橱窗展示
洽谈区(13组位)
水吧区
操作间
前台储藏间
销控办公室
艺术过廊
销控办公室
交款&认筹
女卫
男卫
洗手间前厅
保洁间

水吧區
洽談區
分戶模型區
沙盤區
商業模型區
接待大堂
風華系列展示及金地品牌館
商業模型區
沙盤區
分戶模型區
洽談區
水吧區

▶ 二层平面图

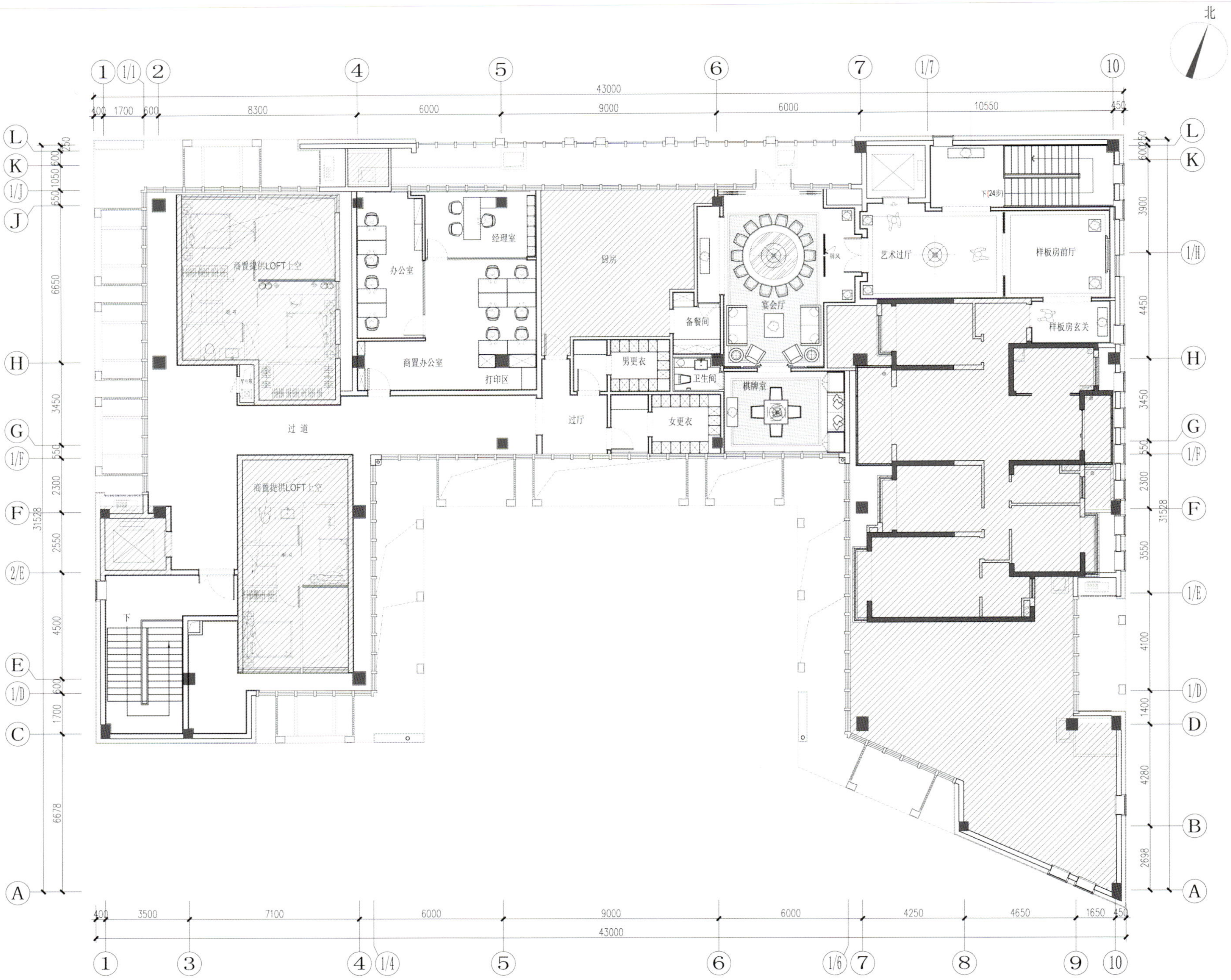
北
43000
办公室
经理室
厨房
宴会厅
备餐间
商置办公室
打印区
男更衣
卫生间
棋牌室
过厅
女更衣
过道
艺术过厅
样板房前厅
样板房玄关
下(24步)

# 满庭芳 · 巴山蜀水意东方

## 成都龙湖西宸原著售楼中心

**项目面积**：800m² / **项目地址**：成都市金牛区育仁西路与三环路交界处 / **业主**：龙湖集团
**室内设计**：集艾室内设计（上海）有限公司 / **设计总监**：黄全 / **设计师**：李伟、褚震 / **软装陈设**：汤胡莎 / **摄影师**：张骑麟
**主要材料**：水云纱石材、玉石、不锈钢、格栅等

在成都龙湖西宸原著售楼中心，
设计师把对成都的感受融入到空间设计之中。
他以天人合一的自然本体意识为统领，深刻挖掘巴蜀山水自然特色，
通过他的审美渗透与意向营建，生成独具特色的当代东方意境空间。

在售楼中心的设计中，为了增强访客的感官体验，设计师注重内外景的融合。步入室内前，景观与水面相映，建筑静影沉璧，门半掩，可以依稀窥到售楼处内部阵列感，仪式感强烈的柱群，给人强烈的带入感受。沿窗部分的设计，设计师通过一条条细木格栅和印有山水纹的窗纱结合，运用光影的手法，把雄奇瑰丽、云山云海的山水景象表现了出来。

推开门，从入口望去，廊道形式的售楼处前厅和传统的形式有着明显的区别。前厅接待由一排排柱体相对而立，形成序列感。设计师在阵列柱群上做了巧妙构思，淡水墨晕染的水云纱石材和具有设计感的壁灯组合形成单体的柱子，柱子半嵌入水面，相对而立，形成了视觉上的冲击。接待台主背景可以看到整个绵延的山水，山水在静水面的反射下，自然景观代入到售楼处内部空间中；接待台亦选用了山水纹理的玉石，结合不锈钢铅条处理，提升整个空间的品质感；仿山水形体山峦起伏的艺术装置，呼应了整个空间的主题。

前厅端头选用了大尺度的山水挂画，将蜀地意境深远的深邃与神奇置入空间，也加强了入口的仪式感。项目沙盘区和洽谈区通过气势感较强的书架做了不算严格意义上的空间划分，在两个书架和三个门洞形式的结合下，设计把洄游空间做到了极致，保证了空间的互动性与独立性。沙盘区和顶面的水晶吊灯形成了完美的呼应。

洽谈区分为散座区域和深度洽谈区，前厅柱体的形式被延用到深度洽谈区，一个个柱子形成阵列，虚遮虚掩，让模型区、散座区和深度洽谈区之间都能有很好的互通，富有灵活性。水吧台区域的设计上，设计师运用了比较简单的块面去处理，两边水吧柜的形式造型显得干练简约。为了实现空间的妙趣与美，设计师以一幅圆形的装置作为视觉落点，画中云山交融、微妙地施色成了点睛之笔。独立的洗手台造型结合具有设计感的镜子，让墙面立面上更具有设计感，富有形式感的壁灯把整个洗手间前室腔调提升了起来，给人带来意想不到的感官体验。

城市休闲娱乐板块
国宾居住板块
龙湖·西宸原著

▶ 平面图

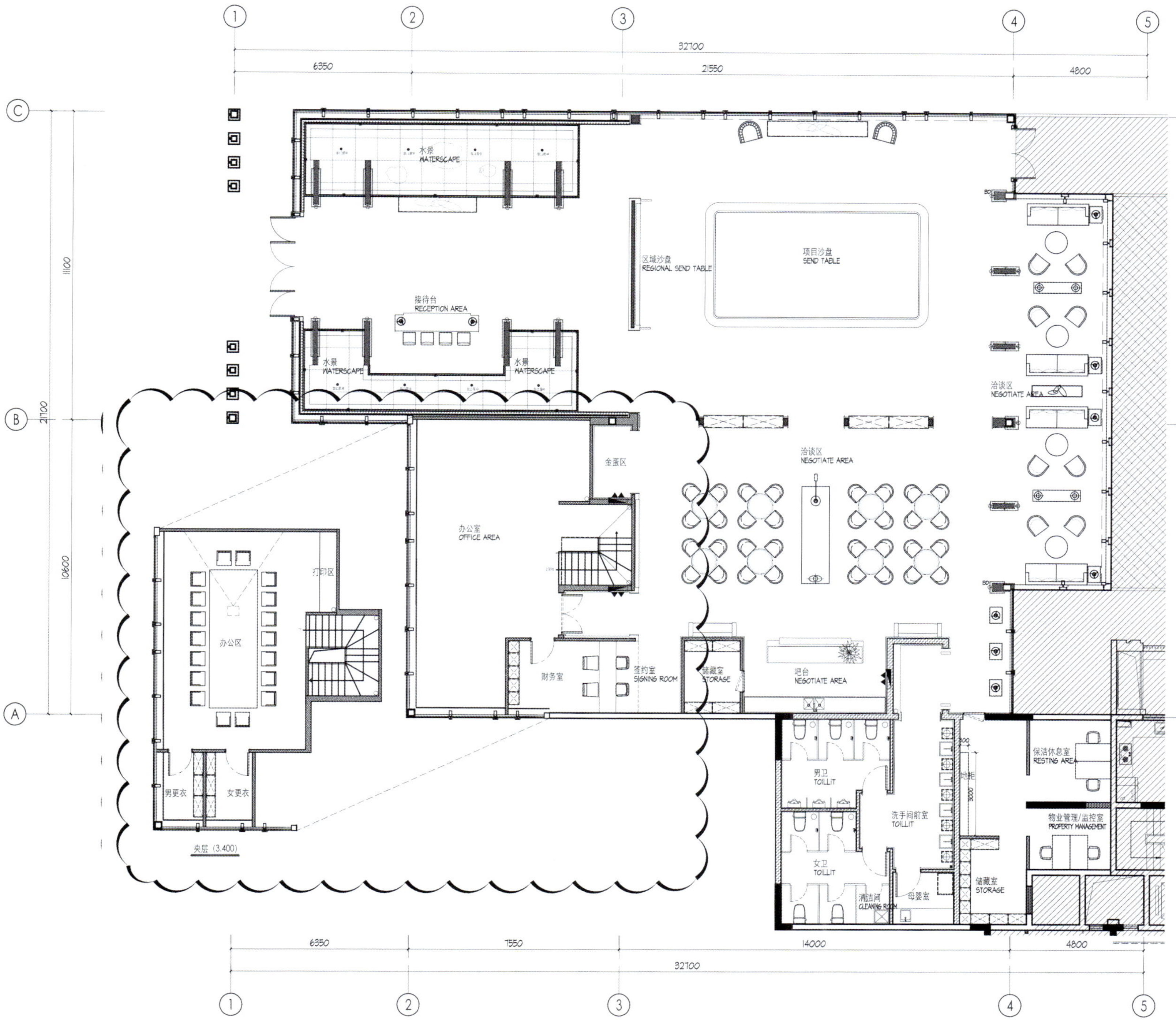

32700
6350
21550
4800
水景
WATERSCAPE
区域沙盘
REGIONAL SEND TABLE
项目沙盘
SEND TABLE
接待台
RECEPTION AREA
洽谈区
NEGOTIATE AREA
金蛋区
办公室
OFFICE AREA
打印区
办公区
男更衣
女更衣
夹层（3.400）
财务室
签约室
SIGNING ROOM
储藏室
STORAGE
吧台
NEGOTIATE AREA
男卫
TOILLIT
女卫
TOILLIT
洗手间前室
TOILLIT
清洁间
CLEANING ROOM
母婴室
保洁休息室
RESTING AREA
物业管理/监控室
PROPERTY MANAGEMENT
11100
21700
10600
7550
14000

# 满庭芳·王府院落新禅意

## 南宁融创·九棠府销售中心

**项目面积：** 1900m² / **项目地址：** 南宁市五象新区玉洞大道56号 / **业主：** 融创中国控股有限公司
**主要材料：** 木饰面、金属、木栅格、木纹、石材等

南宁融创·九棠府传承苏州桃花源高品质造园精神，以王府文化底蕴为依托，
通过东方禅意美学的组合方式，将喧嚣张扬的王府元素重组，
并融入现代装饰手法，呈现出纯净、意象之美。

南宁融创·九棠府依循东方建筑形制，整体规制居中守正，一条中轴线贯南北、分东西，礼序方正，成就庄严府邸。园林规划花进九苑，取中式园林传统之精髓匠心造景。建筑上，采用王府院落形制，大挑檐，既有出檐深远之意象，平屋顶之冠冕威严，又有太和殿双重檐之威仪；景观上，以东方传统之造景理念和手法，辉映“礼、雅、和、静、养”人生五大境界。室内空间设计从地域历史丰富的多元文化中挖掘题材（壮锦），探索新中式精神内涵，以全新的设计思想来演绎传统意境，追求设计的独创性和概念上的突破。在环境营造上不仅满足观赏性，而是表达更高层次的精神诉求，着眼于心灵净化与思想升华，内蕴悠远，优雅从容，达到“空、灵、静”的唯美境界。

入口接待区精致的接待销控台，采用壮族图案设计的醒目的背景墙，一边是序列动感极强的品牌展示区，配合王府的天花造型，整个空间恢弘大气。

沙盘的空间通透，前后通水，挑高的中庭彰显奢华王府气派。搭配的吊灯、天花结构与地坪拼花细部采用地域性民族图案，形象生动，结构严谨，体现壮族人民对天地的崇拜和对美好生活的追求与向往，更是为进门的建筑感染力加分。欧洲木纹搭配深色的地面及通高的柱体，彰显仪式感。

洽谈区在色彩的搭配上，深灰色与金色的搭配方式，增加别致的民族图案造型把空间做到极致丰富，空间造型疏离有致，搭配软装宝石蓝的抱枕，宫服装饰画作点缀，不至于审美疲劳。VIP接待室大气的东方君王氛围，木饰面搭配金属使用更显精致瑰丽，配合地域性图案，别致的皇服装饰画，为整个空间营造了一种内敛奢华的氛围。软装搭配宝石蓝、祖母绿，配上金色，空间更显豪华贵气。

泳池区域舞动的波浪天花造型，次序感墙面分块，配合抽象鱼群的墙面装置艺术，构成动态感十足的愉悦优雅空间。瑜伽室里面木格栅大牌银镜，展现了一个舒缓雅静的运动空间。

▶ 一层平面图

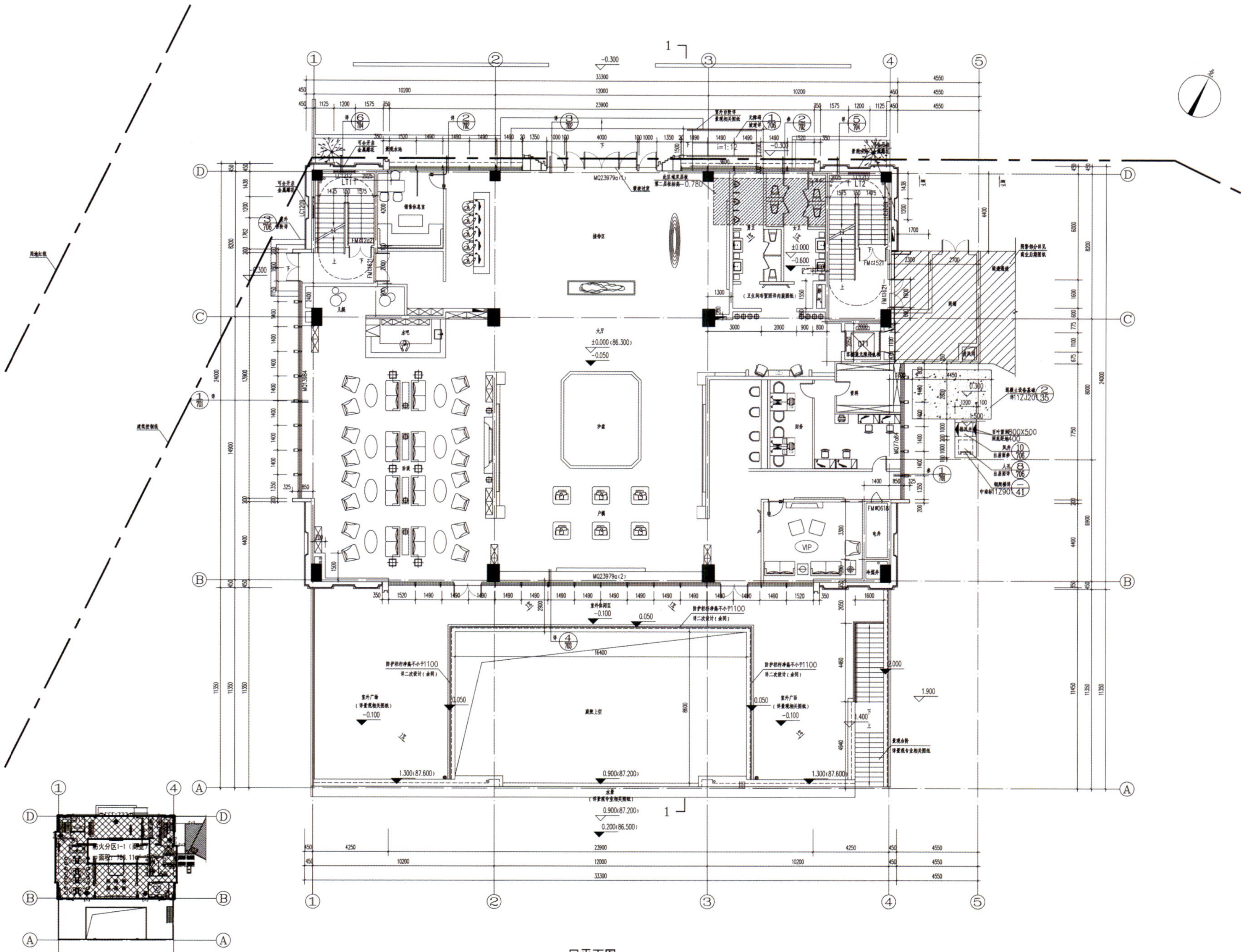

一层平面图 1:100

本栋建筑面积：2253.35
其中地上建筑面积：1413.76 ，地下建筑面积：839.59
本层建筑面积：786.11
地上部分总建筑面积：1413.76 ，共设一个防火分区，一层疏散出口为前后两个疏散门，满足疏散要求

融创九棠府

# 满庭芳·引水入境至善宅

## 郑州正商·善水上境示范区

**项目地址**：郑州市郑东新区 / **业主**：河南正商地产
**建筑设计**：上海柏涛建筑设计咨询有限公司 / **景观设计**：深圳市柏涛环境艺术设计有限公司
**主要材料**：石材、金属铝板、格栅

郑州正商善水·上境的设计取儒礼之教义，化为空间之魂；
引水入境，作空间之形；将中式建筑元素的精髓进行时尚、大气的演绎，
使居住环境及空间更加具有东方意蕴，从而营造出一种至禅、至善宅院生活气息。

郑州正商·善水上境的建筑设计慎重考虑到中国精英阶层对文化和品位的追求，将产品定位为新亚洲风格。其规划设计借鉴宫殿设计中的中轴对称、层次分明的空间设计手法，营造出恢宏大气、仪式感强烈的深宅大院。立面设计强调对称和谐，通过传统符号的运用手法，将中式传统的建筑元素抽象演绎，作为一种文化符号运用在细节处。建筑立面以石材和金属铝板为主，石材的性格纹理丰富且粗犷，金属铝板细腻且刚毅。两种质感材料相互结合，形成独特魅力的外部表象，而坡屋面和大挑檐的设计使建筑更具沉稳、庄严和价值感。

景观设计有三个切入点，分别是尊贵体验、精致生活和度假般的家居，分别关乎空间节奏、细节营造和情调渲染。设计师通过深入思考，以及对上游建筑规划的解读和理解，最终将“经典庭院式风格的现代演绎”确定为景观的设计理念，并将其充分地体现在示范区的景观设计中。其中，入口处通过连廊围合、景墙LOGO、水景等，打造具有强烈围合感和仪式感的私密尊贵入口空间。中心景观受传统中国文人山水画“可行、可望、可游、可居”的启发，组合各种设计元素，将景观的艺术性和功能性进行有机地结合与统一。

会所空间的设计讲究形神兼修，美于行而精于心，由门厅入境，以水为形的雕塑蜿蜒向上，形成入境第一观感，为空间带入自然的气息。沙盘上方由水晶玻璃拼接而成的艺术照明，寓意飞龙在天，其形飘洒俊逸，犹似敦煌飞天，雍与雅相映，体现出时尚与艺术共生的主题。

室内的空间结构设计追求删繁就简之美，以格栅、圆窗和博古架作隔断，圆窗透景，增加空间层次感和间隔。光线从窗中透过，形成光与影、明与暗的空间对比效果。室内设计则以深色系木色为主色调，不同层次的木色在空间中穿梭：大面积的浅色调天然石材墙面使空间更具纯粹感；咖色及跳跃的亮黄色使空间简洁不失灵动，沉静不失高贵。

正商
善水上境
SHAN SHUI SHANG JING

▶ 一层平面图

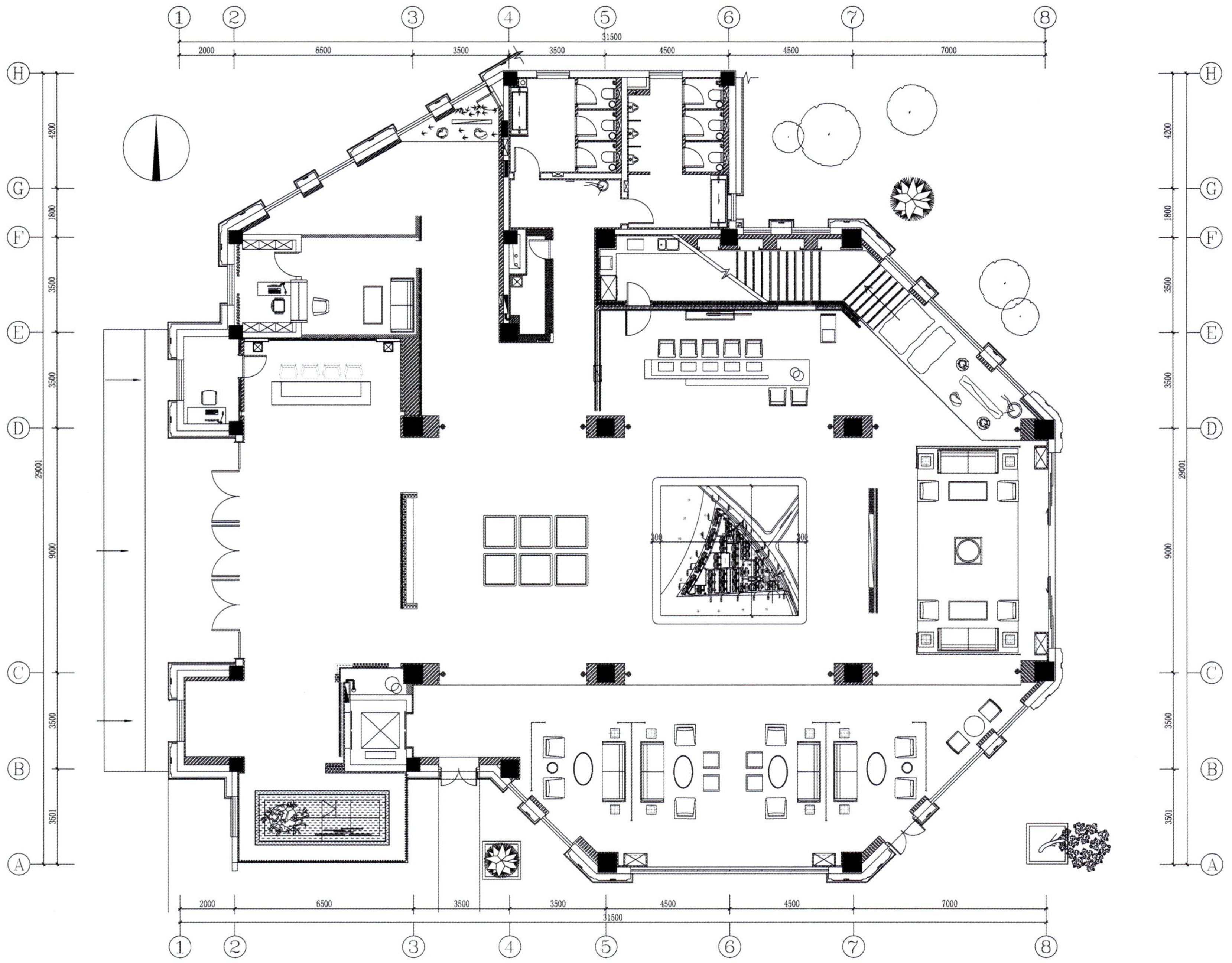
31500
2000
6500
3500
3500
4500
4500
7000
4200
1800
3500
3500
9000
29001
3500
3501

▶ 二层平面图

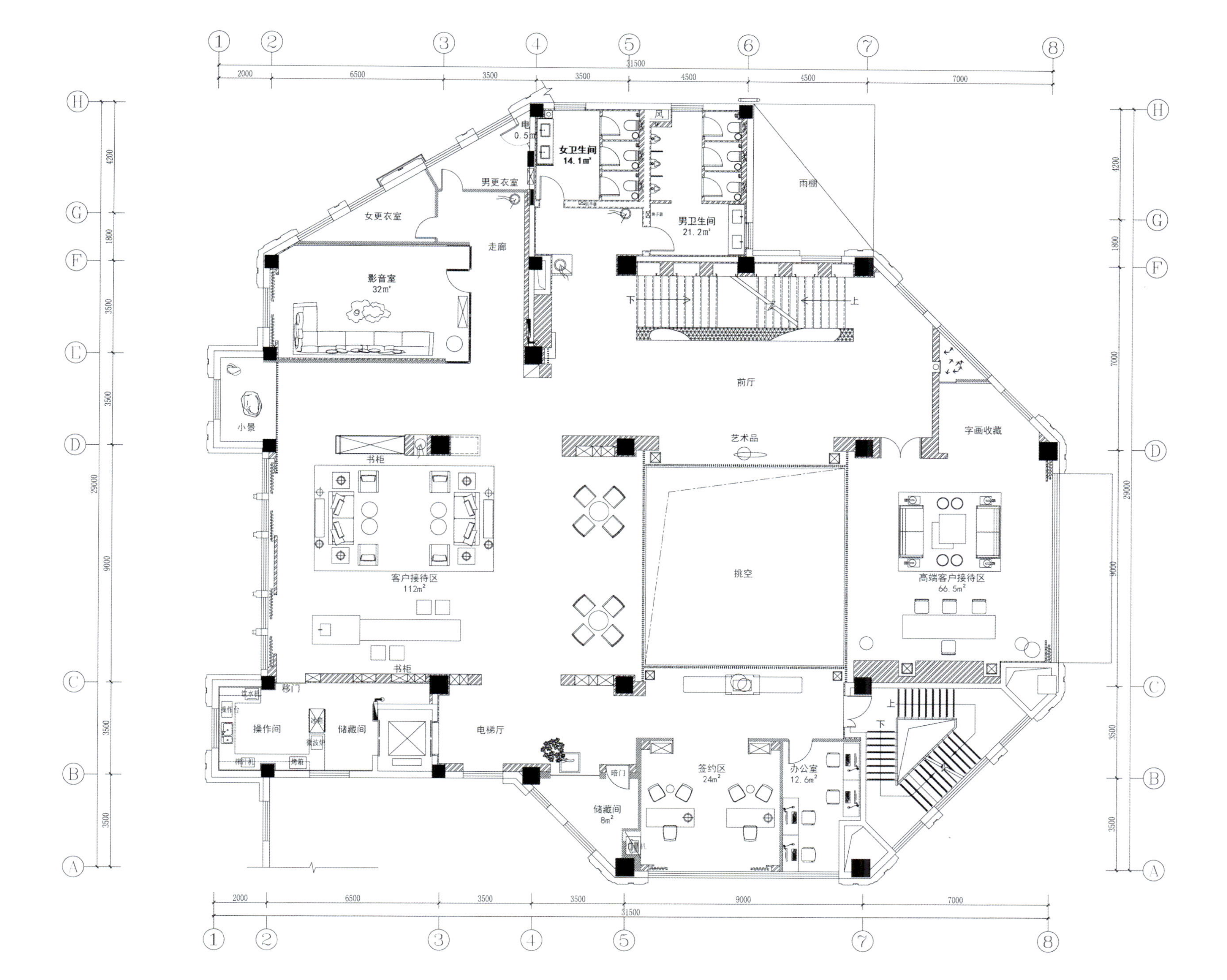

女卫生间
14.1m²
电
0.5m²
男更衣室
女更衣室
走廊
男卫生间
21.2m²
雨棚
影音室
32m²
前厅
小景
艺术品
字画收藏
书柜
客户接待区
112m²
挑空
高端客户接待区
66.5m²
书柜
操作间
储藏间
电梯厅
签约区
24m²
办公室
12.6m²
储藏间
8m²

## 新中式空间之

# 现代禅意

现代禅意空间的营造，可以从色彩、用材、装饰物等多角度入手。在用色上，多以深色系为主，辅以灰白色；在用材上，讲究『天人合一』，通常以木、石等自然材质为主；在装饰物上，多运用古朴的雕花、精致的工艺品、金色的佛头、古玩、盆景等。此外还运用了蜡烛、线香、石雕等，加强空间的空灵与禅意。

### 满庭芳·镜花水月

花草树木，鸟兽虫鱼，晨昏皆为谁忙？花枝沸腾，微云抹浓妆。池内荷韵悠然，晚风拂，笛声微扬。一壶茶，两人共品，天凉夜未央。此年，名满身，风尘无觅，两鬓如霜。心静思致远，岁短路长。想来素敛风华，虚静生，禅韵满堂。都道是，镜花水月，不敌土一筐。

**【解析】**花草树木、鸟兽虫鱼，每天不知为谁而忙。花枝上热闹非凡，微云都抹上了浓妆。池塘内荷花还在开放，晚风吹来，笛声飘起。一壶茶，两个人一起品尝，直到深夜，此时天气慢慢有些凉了。这个年纪，虽然有了一点功名，但风尘仆仆，两鬓已发白。心里还有着更远大的志向，可惜时日不多，路还漫漫。想着该收敛风华，享受清静的日子，那些身外物不过镜花水月，最终都敌不过黄土一筐。

现代禅意空间旨在为人们提供一处幽静放松的场所，整体上显得空旷、简洁、干净，不染尘埃，喜用灰白、墨黑色调，静谧、淡雅的氛围能让人放下世事纷扰，此外，淡雅的水墨画、萧瑟的枯枝盆栽、精致的佛头及古玩等，也为禅意空间增添了一抹清冷与清静。

花草树木，鸟兽虫鱼，晨昏皆为
谁忙？花枝沸
，微云抹浓妆。
池内荷韵悠然
声微扬。
一壶茶，两人
兴。
此年，名满
如霜。心
想来素敛
堂
都道是
。

满庭芳

花草树木，鸟兽虫鱼，晨昏皆为
推忙？花枝满腾，微云抹浓妙。
池内荷韵悠然
风拂，留声微扬。
一壶茶，两人
，天凉夜未央。
此年，名满身
如霜。心静思
想来素纹
都道是

# 满庭芳 · 原木返璞归真心

## 福州万科大樟溪度假别墅

**项目面积：** 280m² / **项目地点：** 福州市
**软装单位：** 深圳市微塔空间软装饰设计有限公司 / **设计师：** 向菲、陈雪萍 / **摄影师：** 陈彦铭
**主要材料：** 原木、麻纱

让人心安的是家，让人心悦的才是假，一个人的出行，
有时叫散心， 一家人的栖居，心才能安悦。
大樟溪度假别墅位于青山绿水间，让你返璞归真心，
这里打造的是追寻一场以自然生态为景、以东方文化为心的闲趣生活。

原木色的实木家具，一开始便把我们带入了自然的元素。棉麻的质地贯穿于灯罩、窗帘、沙发、地毯，让这次回归变得如此纯粹。餐厅与厨房之间，没有艳丽的花束，也没有高档的食材，让生活回到它原有的样子，感受着田园的乐趣，呼吸人间烟火的气息。

书房是精神的巢穴，生命的禅堂，仍然延续着干净朴素的风格。古典文学、诗词散文都有条不紊地置于传统手绘画背景图柜中。还有传统的烛台、青花瓷的画卷桶、台面的笔墨书简，都可以让住客穿梭到另一个久远时代。调皮的松树杆已经开始逃离画框，荷叶形灯罩、树枝杆毛笔架让住客无时无刻不感受到身处大自然的气息。一扇门、一叶窗、一帘幔，就能置身于自己的世外桃源里。

主卧并没有因为自己是主人而有什么不一样，设计中将蓝色的主色调一直进行到底，只不过多了一缕杏橙色，让空间增添一缕温暖和担当。主卧柜的门采用是麻纱设计，让整个空间既统一，又更加通透。

长辈房的家具换成了沉着踏实的深木色家具，优化成了双人床垫。祥云的拉手、传统的花鸟图案不仅应景，还符合上一代人的喜爱偏好。当地的青梅花、收藏的茶艺陶瓷都将本土文化融入到室内的一器一物。

户外运动是这个大樟溪区的独特优势，皮划艇也是当地非常受欢迎的一项水上运动项目。帆船版型的写字桌，随处可见的皮划艇获奖凭证，不难看出这位少年是一个皮划艇的爱好者。一幅自然生态背景中穿插着所有富有动感的符号，动静相宜、自然奔放。它不是一个传统的健身房，更是一个练身修心之所。外放的莲蓬灯，让整个顶部充满活力。

对于福州茶文化如此浓郁的地区，这个露台是上天馈赠的礼物。木雕的茶桌底座，木桩式的坐墩，木棍拼合的户外茶几，我们将原生态发挥至最佳，与室外紧密的融合。从此日出、日落、微风、茶坐我们都不会错过。

度假或许就是一种感受，我们创造的空间除了放松更重要的是融合。物件的融合、空间的融合、亲情的融合。一家人在一所房，既要有自己的兴趣，更要有互动的空间，满足那稀缺的亲情交流。

▶ 客厅、餐厅平面图

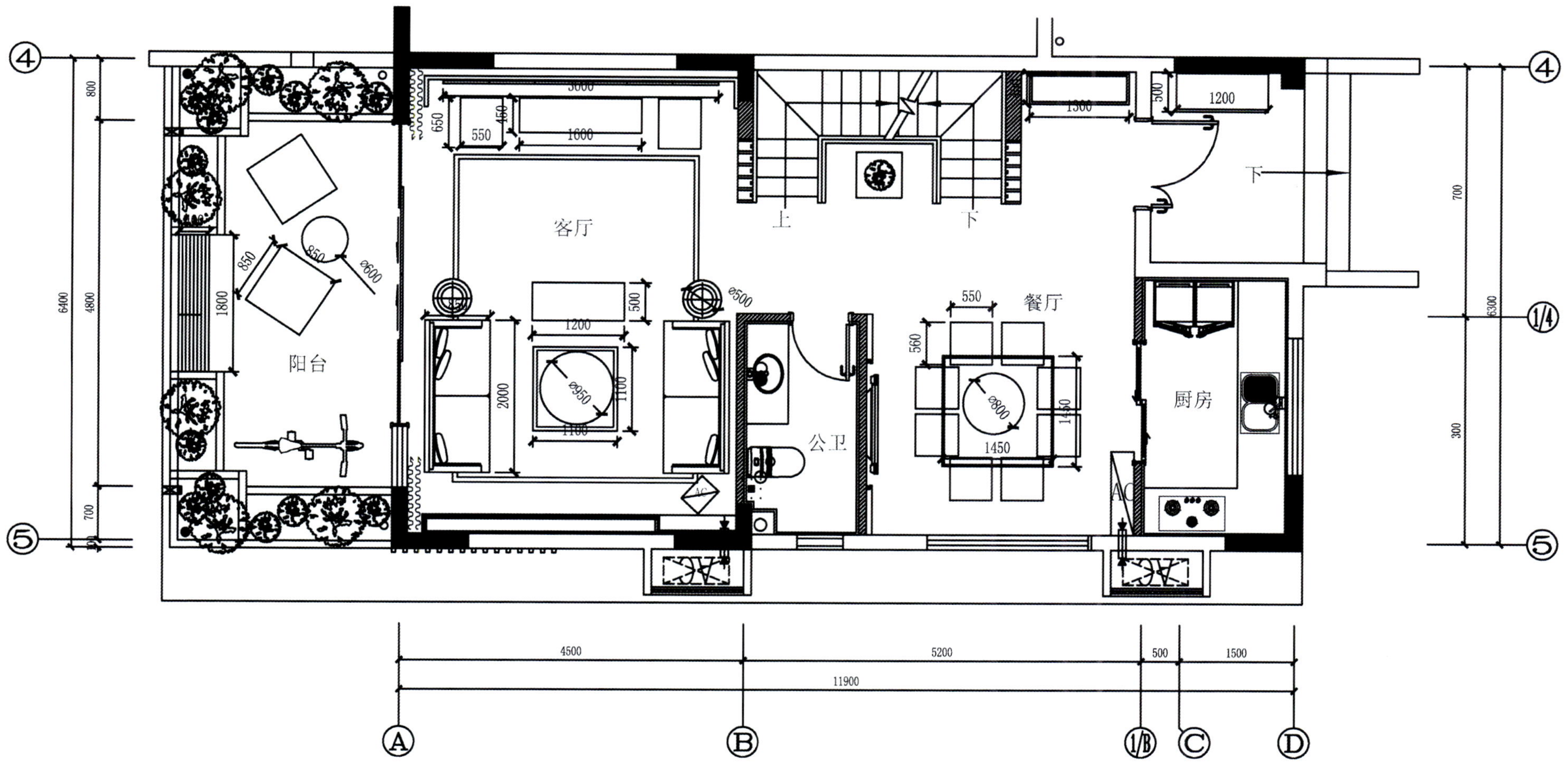

▶ 书房平面图

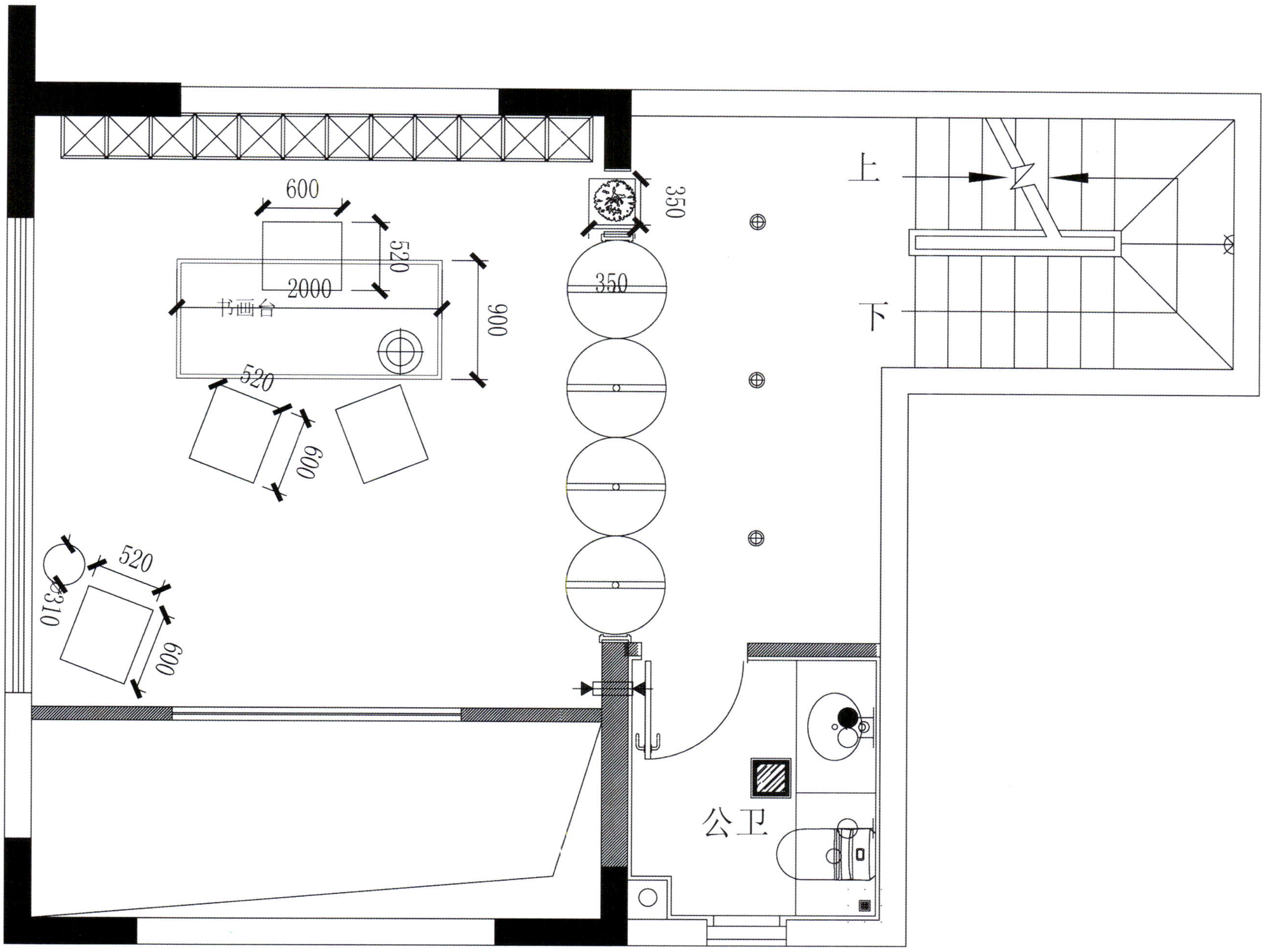

► 主卧、儿童房、露台平面图

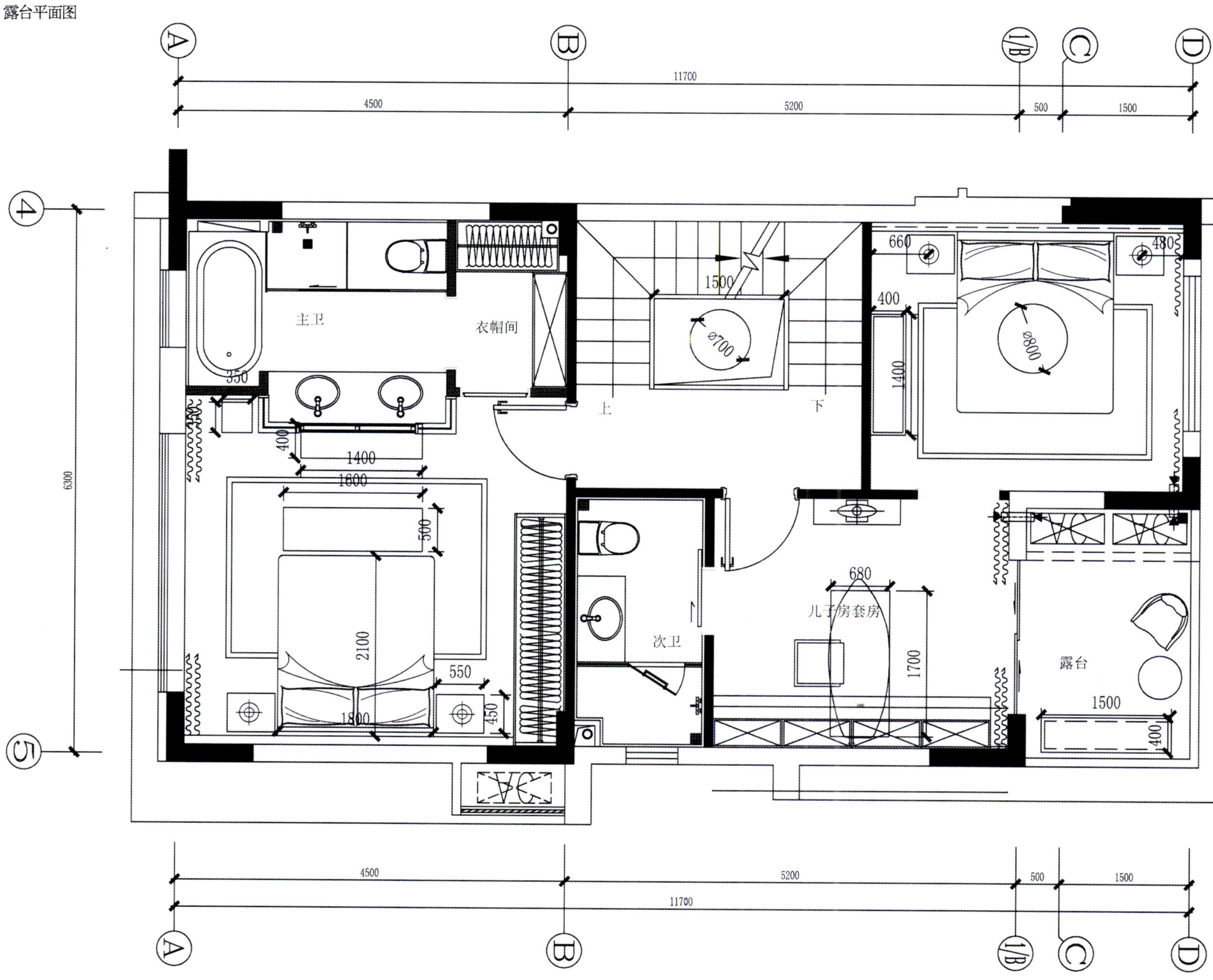
A
B
1/B
C
D
4
5
11700
4500
5200
500
1500
6300
主卫
衣帽间
上
下
次卫
儿子房套房
露台
660
480
1500
400
1400
350
1600
500
2100
550
1800
450
680
1700
ø700
ø800

▶ 老人房平面图

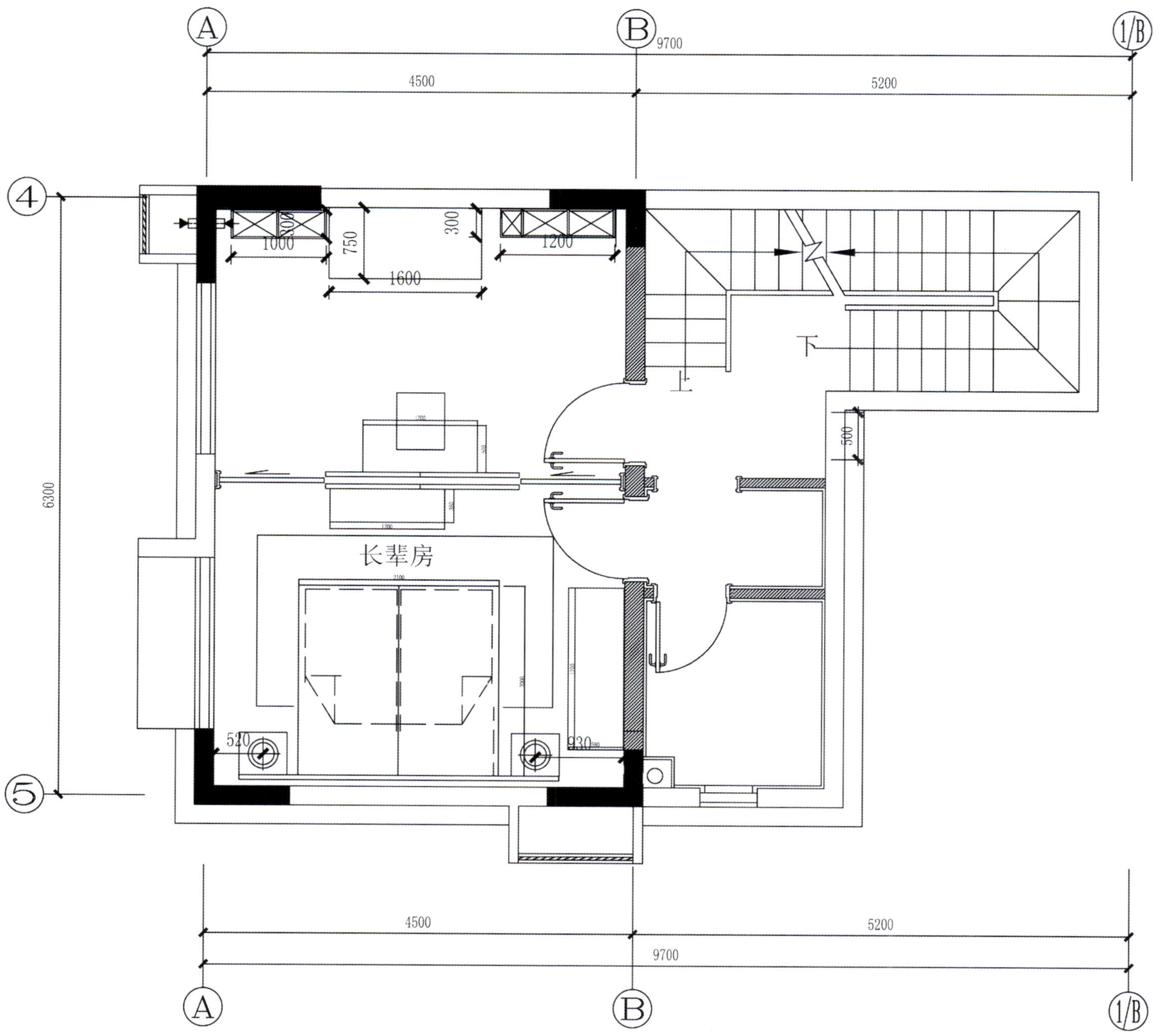
A
B
1/B
9700
4500
5200
4
5
6300
1000
800
750
300
1200
1600
500
长辈房
520
230

# 满庭芳 · 禅素之境隐士蛰

## 成都万华麓湖生态城样板房

**项目面积：** 160m² / **项目地址：** 成都市天府新区
**软装设计师：** 李剪梅 / **软装陈设：** 深圳千寻软装艺术设计有限公司
**主要材料：** 原木、石材、花瓶、镜子等

化繁为简，吐故纳新是该居所的创作内核，
设计师放弃对风格样式的表象追求，
以极简示人，凝结生活朴素无华的本质，
契合了中式含蓄内秀的设计精髓。

麓湖生态城是一座以生态资源为基底，聚合居住、产业、休闲娱乐配置为一体的新城，位于成都天府大道两侧，是天府新区内优先呈现的生态示范区。

项目进门迎面是一幅似鱼又似竹的装饰画，朦朦胧胧中透着东方的禅意；透过两侧木质竖条构成的玄关隔断，影影绰绰中已领略到屋内景致，黑白灰的主色调配以原木为主的空间装饰，除却繁冗雕饰的禅意风骨由此呼之欲出。低饱和度的色彩营造出柔和的氛围，而原木随着时间的沉淀愈显朴实典雅，细而匀的纹理结构散发温暖的质感。

空间结构与比例拿捏严谨，借助利落线条及石材、木材的搭配运用，呈现视线交织的美感。倚靠大自然礼赞的水色山林，以刚柔并陈的朴实家具和合理细致的功能区分，架构出以人为主、以环境为辅的生活场景。

中厨与西厨因应各自的特点被设计为封闭与开放式，温润的大理石纹吧台成了西厨与客厅的功能划分。客厅与餐厅相连，木格栅在这里成为了电视背景墙，除了延续着玄关处的设计元素，若隐若现间，更显空间的通透。

餐桌上的吊灯姿态轻盈，曲线轮廓与平直硬朗的空间背景与装饰画相得益彰，暗合天圆地方的禅定哲学。空间中的容器、花瓶、镜子等日常生活物件，也被赋予诗意与美感，茶白的清雅自然、赭石的稳重硬朗、靛蓝的深邃蜿蜒，犹如在山水之间，意境之中，流露着中国文人的隐士情怀。一簇枫叶、几枝干棉花，点缀其中，摇摇曳曳间，又多了几分素净雅致。

山林野趣的装饰画、一桩挖空的腐木、食盒造型的床头柜、鸟笼状的吊灯、随着风发出沙沙声响的竹叶，均各如其分的装点着居室。伴着由阳台、花园洒入的和熙日光，泡上一杯香茗，或端坐于茶室，或闲谈于家常间，守着这一方禅素之境，诉说着岁月的静好。

► 平面图

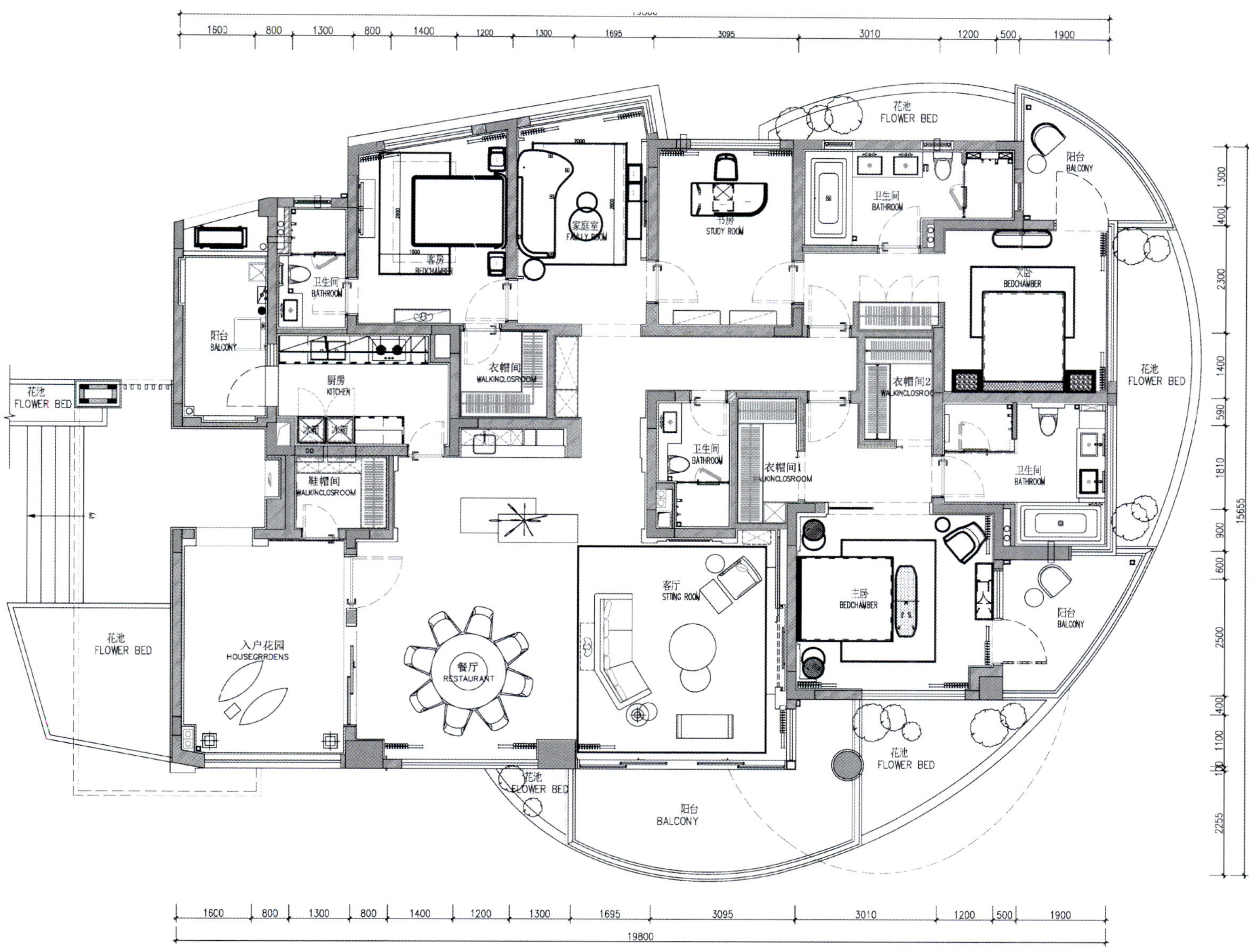
1600 800 1300 800 1400 1200 1300 1695 3095 3010 1200 500 1900
19800
1500 400 2300 1400 590 1810 900 600 2500 400 1100 100 2255
15655
花池 FLOWER BED
阳台 BALCONY
卫生间 BATHROOM
客房 BEDCHAMBER
家庭室 FAMILY ROOM
书房 STUDY ROOM
厨房 KITCHEN
衣帽间 WALKINCLOSROOM
衣帽间1 WALKINCLOSROOM
衣帽间2 WALKINCLOSROOM
鞋帽间 WALKINCLOSROOM
主卧 BEDCHAMBER
入户花园 HOUSEGARDENS
餐厅 RESTAURANT
客厅 SITING ROOM

# 满庭芳 · 静谧禅思新东方

## 北京远洋天著平墅样板间

**项目面积：** $362m^2$ / **项目地址：** 北京大兴开发区东区小羊坊南街
**软装设计：** LSDCASA设计一部
**主要材料：** 地毯、大理石、胡桃木、铜、丝

项目通过挖掘传统中良善的、符合当今普世价值的信仰、精神，
将技艺转化为当下的形式，以精神、文化层面的认同来对接“东方”。
在整个空间中，没有任何显著的东方符号堆砌，却自始至终浸透着东方特有的禅思静谧。

北京远洋天著平墅采用端庄大气的法式建筑、创新合理的户型设计以及富有文化气息的新中式室内设计，营造典雅、稳重、回归自然的生活氛围，是平墅产品的经典范本。平墅以创新的设计让平层豪宅的生活尺度和别墅花园的自然情趣完美地融合在一起。

平墅的大面宽突出体现在每户独享17.1米的总面宽，其中客厅面宽为6米，主卧室面宽为7.4米。每户大尺度的面宽为空间的奢华感和礼仪感创造了先天条件。平墅户内遵循“十字形”的平面布局，将户内空间划分为4个功能区域：礼仪区（包括客人门厅和主人玄关）、社交区（包括起居室、书房）、家庭活动区（中西厨、正餐厅和早餐厅）与休息室（主卧室和次卧室）。各区域彼此保持独立性和联通性，避免功能干扰；又借助“十字形”布局，实现自由转换。

日丝质的纯色地毯，铺满空间的氛围，长沙发舒适地安放在中央，背后陈列着一家人乐于展示的心水之物。茶几造型别致，一半由大理石的自然肌理构成水墨意象，一半由工整的线条写就现代工业风貌，正契合设计师对这个空间的理解和出发点。BoConcept的落地灯自后排书架斜出，融入落地窗景，远远望去，好似北国的树枝，生动了整个客厅的层次。

客厅一侧开敞的餐厨空间，摆放了手绘韵彩的落地屏风，对应暖色系的胡桃木餐桌餐椅，使用餐空间更加独立。来自意大利SELETTI 太阳系行星瓷盘，纯铜餐扣搭配黑色棉麻餐巾，好似长夜月明，又似遥遥呼应了古代中国圆窗的意境。

走过画廊式的过道，进入到主卧。点亮Artemis铜质台灯，暖色的灯光均匀地洒在丝质的床品上，柔和地泛着光。装饰柜上端放着主人摆弄的花艺和从香港淘回来的茶具。

过道的另外一头就是男孩房，明快的蓝色、亮黄奠定空间的主色调，他的活泼、开朗在此已展露无遗。艺术几何分割的挂画，与地毯相互呼应。

▶ 负一层平面图

▶ 一层平面图

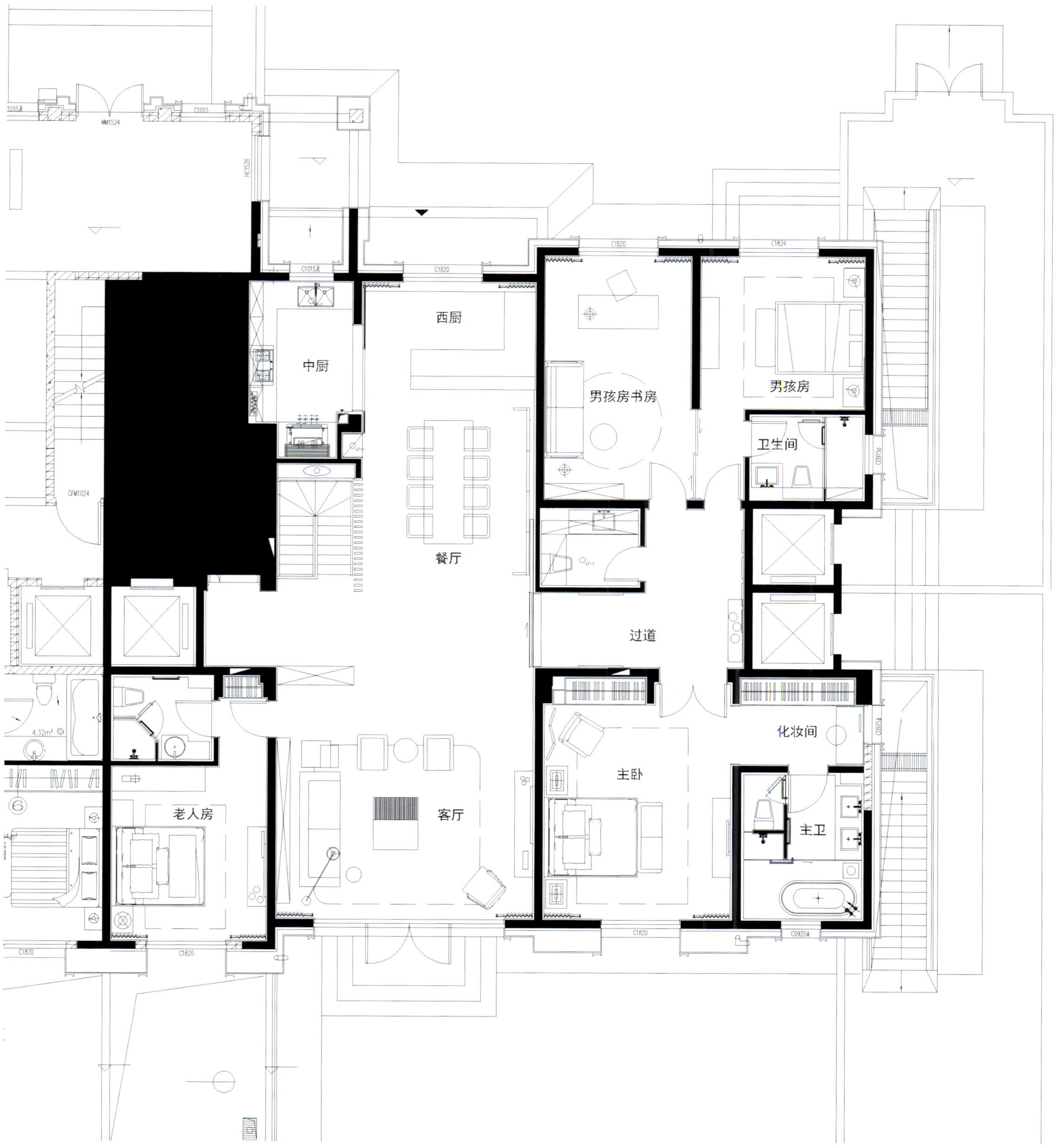

# 满庭芳·遍寻海棠情归处

## 重庆永川海棠壹品会所售楼中心

**项目面积：** 3300m² / **项目地址：** 重庆永川永师路口至动物园方向
**硬装设计单位：** 重庆亦景太阁室内设计有限公司 / **硬装主创设计师：** 杜宏毅、郭翼 / **硬装参与设计师：** 胡贵江、袁丹
**软装陈设单位：** 重庆信实装饰工程有限公司 / **软装设计师：** 任艳、张晓
**主要材料：** 仿古铜不锈钢、海棠木饰面、云灰石大理石、清水玉大理石、意大利灰大理石、锯痕纹木板

海棠壹品会所用永川的文化地域属性；
海棠、竹与茶，结合项目丰富的自然元素；
滨水、坐拥7万平方米山体公园和开发商独具的背景资源——东南亚的艺术特质，
用“新亚洲”艺术创立“不一样的生活”特征。

重庆市永川区爱海棠深入骨髓，让海棠的美丽自然不动声色地介入永川人的日常生活，是在这里的人们“诗意栖居”的表征。主创设计师巧妙撷取永川独具特色的人文符号：海棠、竹与茶，结合东南亚的滨水、休闲和养生理念，用会所和商业结合的方式，让在这里置业的人体验永川的山川秀美和人文情怀，让人动心、动情。

3000多平方米的独栋售楼中心，设计师让文化体验和销售功能并置，一楼作为文化空间，植入咖啡吧、雪茄吧、SPA、泳池等高端生活体验空间，通过内容相关性，使他们之间形成相互关联的项目群组，连接其间的是宽敞、犹如帝国大厦一样豪迈、坚挺的通道和充满了当代东南亚特质的金属门廊，它们用当代东方的方式组合在一起，形成简约、写意的空间。在这里，人们犹如在泰国美丽的小岛上度假一样惬意。二楼，设计师用同样的手法形成商业销售空间，围绕沙盘展示形成接待中心、洽谈区、VIP区和签约区，秩序井然。

两层功能区域汇聚于入口大厅，大厅采用欧式建筑惯用的对称双弧形楼梯引导的方式，将视线引入二层的销售空间，气势恢宏。走进内部，各个功能空间的对称布局，沙发、茶几的形态雍容、织体紧密；VIP室灵秀、大气；签约空间犹如书房，儒雅、多情。海棠花、竹的形态作为空间装置，植入大厅，弥合门厅过于高阔的空间。沙盘上方的照明灯具，采用海棠花镂空的形态，空灵秀雅，暗示“海棠壹品”的地域特征，不至于使项目发生地被架空。透过二层VIP室的宽阔露台，可以看尽项目所在地的滨水和山色美景，令人心驰。

新亚洲风格如今成为新东方设计艺术的一种新的构想，打破了现已为人们所熟悉的新东方式的简约和拘谨，而用夸张、相对繁复、重新定义欧式建筑与东方建筑和谐与融合的方式，让它在当代生活中具有自己的韵味与语序。海棠壹品会所售楼部成为了在新亚洲风格上的有益尝试。

# 满庭芳·心物交融空禅诗

## 沈阳华润二十四城之禅风艺境

**项目面积**：148$m^2$ / **项目地址**：沈阳市于洪区沈阳经济技术开发区昆明湖街17号
**设计公司**：李益中空间设计 / **硬装设计**：李益中、范宜华、关观泉 / **陈设设计**：熊灿、欧雪婷、李晴
**主要材料**：橡木地板、翅木饰面板、黑色拉丝不锈钢、白色人造石、白金沙大理石、墙纸、布艺硬包、园林木地板

空间既是作为环境的烘托，也是业主对人文的理解和态度。
东方禅风也非常符合艺术审美，
它去繁从简，界面简洁大方。
本案空间线条干净利落，柔中带刚，刚中带柔。

“东方意境的禅风，禅的意义就是在定中产生无上的智慧，以无上的智慧来印证，证明一切事物的真如实相的智慧，这叫作禅。”禅，是一种生活境界；禅，又是一种受用，一种体验。唯有行者，唯证者得。禅本是静虑、止观的意思，强调心灵的参悟，它的最高境界乃是“空”，让人追求心无挂碍的灵魂悟诗与禅结合。自有新境界出现，即心与物交融而使美的情感与物象合一。

沈阳华润二十四城的这套样板房户型四室两厅居室，户型方正，使用率高，大气通透，开阔灵动。方正对称的空间布局，给整体带来更多的平衡及协调感。色彩温暖，灯光柔和，简单中彰显精致。

吧台半开放隔断，打造强烈的秩序感，映衬画龙点睛的造景艺术。客厅完美的对称，细腻简洁的线条，形似枯山水的地毯，以形写意，以意传情。餐厅正对着外景的大露台，用餐时可观赏窗外美景，心情愉悦舒畅。

家，是一个温馨的地方。在这繁华的都市中，我们希望它具有宁静的氛围，来使得这个家变得安详惬意，让人全身心得到伸展，从而回归本性。“行深般若波罗蜜多时，照见五蕴皆空”，也就是无我的时候，一切烦恼与痛苦得到解脱，继而在清净中获得大智慧。

▶ 户型平面图

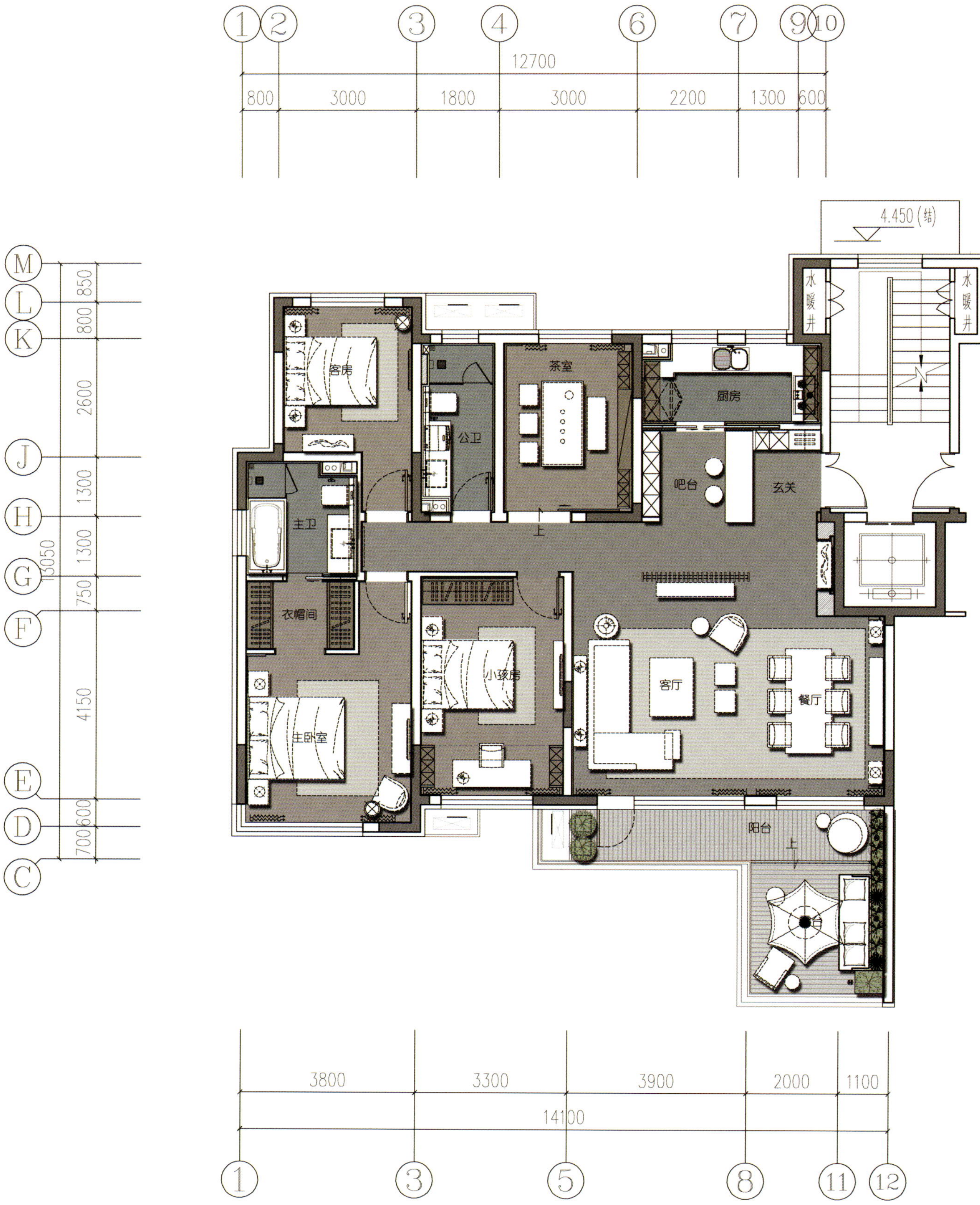
12700
800
3000
1800
3000
2200
1300
600
4.450（结）
850
800
2600
1300
1300
13050
750
4150
600
700
水暖井
水暖井
客房
公卫
茶室
厨房
吧台
玄关
主卫
衣帽间
小孩房
客厅
餐厅
主卧室
阳台
3800
3300
3900
2000
1100
14100

# 满庭芳·当代新韵潮文化

## 深圳唐潮码头

**项目面积：** 450m² / **项目地址：** 深圳中洲π mall购物中心 / **设计公司：** 唯尼设计
**主创设计师：** 蔡威 / **摄影师：** 欧阳云
**主要材料：** 木质、石墙、玻璃、水泥、地砖

潮汕人以精明、坚韧和专注的特质被誉称为“东方犹太人”，
潮州菜也以精细、考究和中和的特色走俏神州及海外。
唐潮码头的设计主题围绕潮汕文化，以中式现代混搭的手法，
为这一粤东族群的悠远传统注入当代新韵。

唐潮码头的餐厅门头含而不露，寓意着金木水火土的五行山墙，仅一瞥即泛起潮汕人对家的记忆。代表着当地著名景点湘子桥的牛雕塑，用板凳搭建的陈列架以及摆放其上的土著小手工，更给人以近乡情怯的穿越之感。

唐潮码头的空间布局依循潮汕民居的“下山虎”和“四点金”概念，分为前厅、天井、后厅，并结合现有场景进行新旧融合。比如入口的大柱子，由一根根现切的木条现场拼接而成，营造出“大树底下好乘凉”的山野拾趣。

结合平面图不难看到，空间外围是以柱子为轴做的一个“回”，往里也是一个“回”，这是“四点金”形式的延伸，类似潮式“三合院”。各个空间的划分，则强调若隐若现的穿插感，而不再有传统建筑形式的密闭和束缚。

五行山墙建筑概念延伸至室内的立面墙体，呈现出庄重和大气的空间仪态，同时承担起串联整个空间的纽带作用。山墙以木板为材，根据造型需求，由现场木工和工厂定制共同完成，在比例与细节上精准把控，力求极致。由上至下，挑檐、山墙和隔断的处理，均未照搬原本复杂繁琐的形式讲究，而是通过布局和阵列的形式，用简化的手法取其精髓，新旧融合，适应当下语境。就连与当地古墙共生的苔藓和爬山虎，也缩略延伸至此处的永生草，裱在通透的玻璃瓶中阵列分布，吐露简单纯粹的绿意。隔断玻璃有着旧旧的纹路，与时尚动感的镜面穿插运用，提升空间的扩充感之余却不觉拥挤；水泥做了细微处理，被覆上老木纹的倒模；地面砖的灵感来自潮汕民居的古老红砖，并加入更多色彩；枝形艺术吊灯与复古钢管钨丝灯合力营造斑驳光影；现代中式椅结合设计概念进行二次优化；包间玄关顶的巨幅字体写意泼墨……

设计师留存岁月痕迹的浑然再造功力，悄然隐于这些空间细节之中，静待有心人的默契会意。而潮州人的族裔凝聚力，与追本溯源的传统坚守，或将为全球化的文化存续与新生带来更可期待的未来。

唐
潮碼頭
TANGCHAOMATOU

► 总平面图

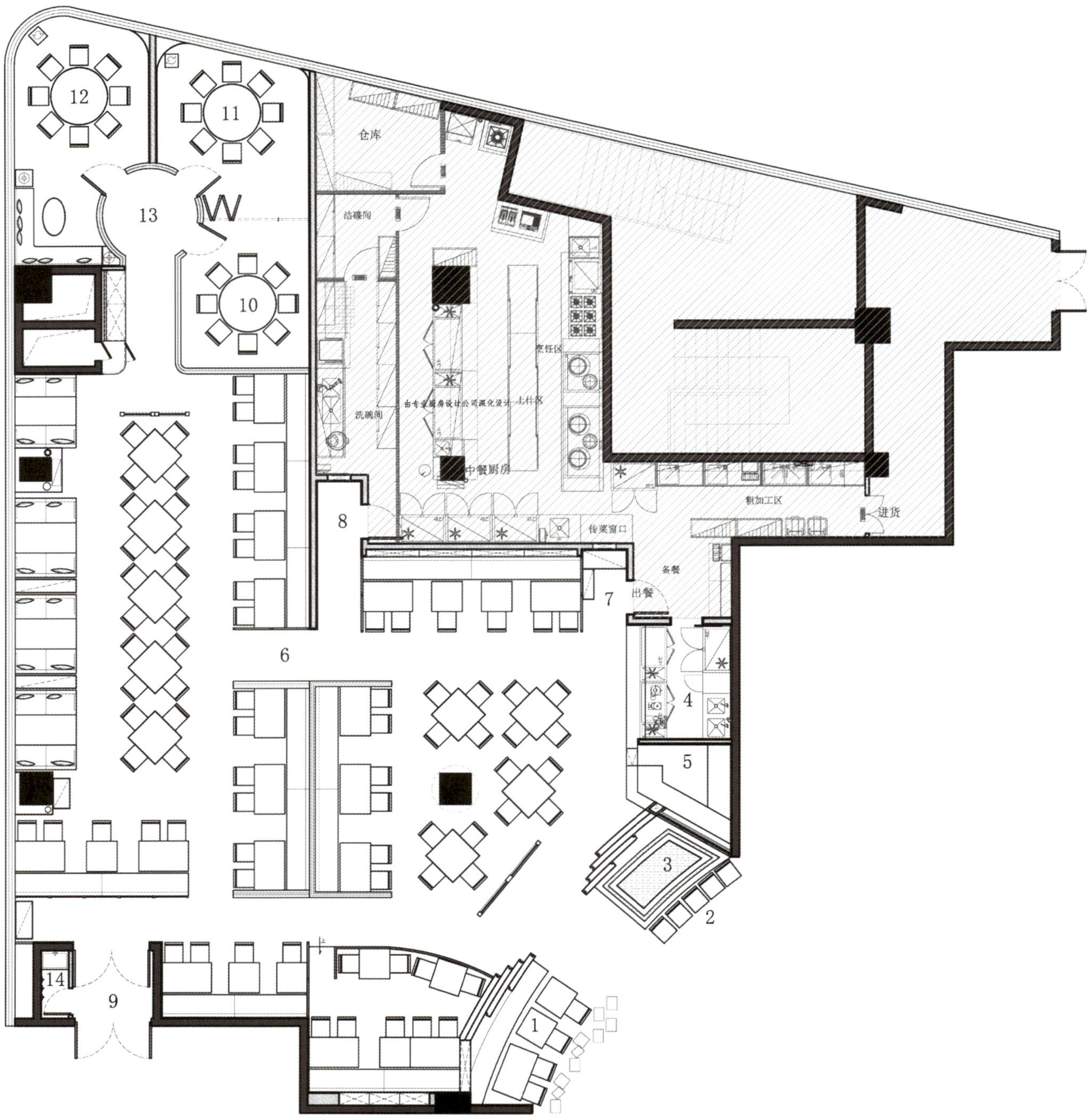


| | | | | |
|---|---|---|---|---|
| 1、外摆区 | 4、水吧 | 7、出餐通道 | 10、包间A | 13、过厅 |
| 2、等位区 | 5、收银 | 8、收餐通道 | 11、包间B | 14、清洁间 |
| 3、水景 | 6、大厅 | 9、消防疏散通道 | 12、包间C | |

# 满庭芳 · 风回小院庭芜绿

## 深圳竹语轩

**项目面积**：600m² / **项目地址**：深圳 / **设计公司**：清大环艺(深圳)设计顾问有限公司
**主要材料**：竹子、木质、玻璃

竹语轩，从当代文人雅士所向往的生活出发，用新中式的手法，
让人梦回遥远的诗意之境，成为当代人们安放纷扰的宁谧之地。
在这一方静地，实现文化和在生活之上的价值，
这里应是一处抛去繁冗，安放身心的所在。

竹语轩，是一间茶室，取繁华深圳一方静谧之地，掩映在一片静逸苍翠的竹林之中。竹语轩这一案名来源于朱熹《新竹》："我种南窗竹，戢戢已抽萌。坐获幽林赏，端居无俗情。"细细品来，便有一种文仕的清风傲骨的意味。

园林的设计，将传统中式的借景引入，造型别致的景观，在光影映照中，营造出一种"重门深院，草绿阶前"的唯美想象。进入庭院，走过一片园林小径之后，在视觉的尽头，没有意外地，有一座朴素的木房，它仿佛从这片高翠的竹林中生长出来一般，安静而自由，与周遭的环境相伴相依。

通过长长的过道，直到步入室内玄关，落地玻璃让室外花园成为借景，设计师在此，用自然的木调，工整的线条，严谨静态的摆放，为进入茶室的宽阔舒畅作铺垫。走廊中层叠精致的雕梁，尽头是古朴的屏风，怀旧的玄关桌，追溯和守望传统东方生活，也为空间塑造出礼仪层次。

会客空间以传统围合的方式进行布局，现代沉稳色调的沙发，精细雕琢的茶几，在比例和情绪上，形成了平衡与舒适。会客厅一幅悠远舒朗的水墨链接起了空间的艺术性，镂空的背景墙引入窗外竹影婆娑，将新中式的秀逸与意趣呈现出来，使环境和心灵都达到灵与静的唯美境界。

书房的设计通过与艺术和人文通话，来体现文人的雅致。茶余，铺一笺素纸，研墨提笔，颇有"色侵书帙晚，隐过酒罅凉。雨洗娟娟净，风吹细细香"的感受，由此，"听风闻香"，也确有来头。

会客室旁边，是第一茶室的所在。设计取中正平衡，结合创新，木质材料的运用，精致的细节把握，轻巧的设计，将竹的妍姿幽态放大到餐桌前，出人意表，却又和谐自然。第二茶室的设计，整体空间调性沉着，实木的肌理和质感，细腻入微地刻画时光的温润与澄静，而高洁的竹，再一次入画，设计师用当代艺术手法表达"劲节有高致，清声无俗喧"的文人气质。外面，是中央庭院，古拙的木雕，在素雅的自然之美中，给人"花怡境幽，禅意自得"的心境。

▶ 总平面图

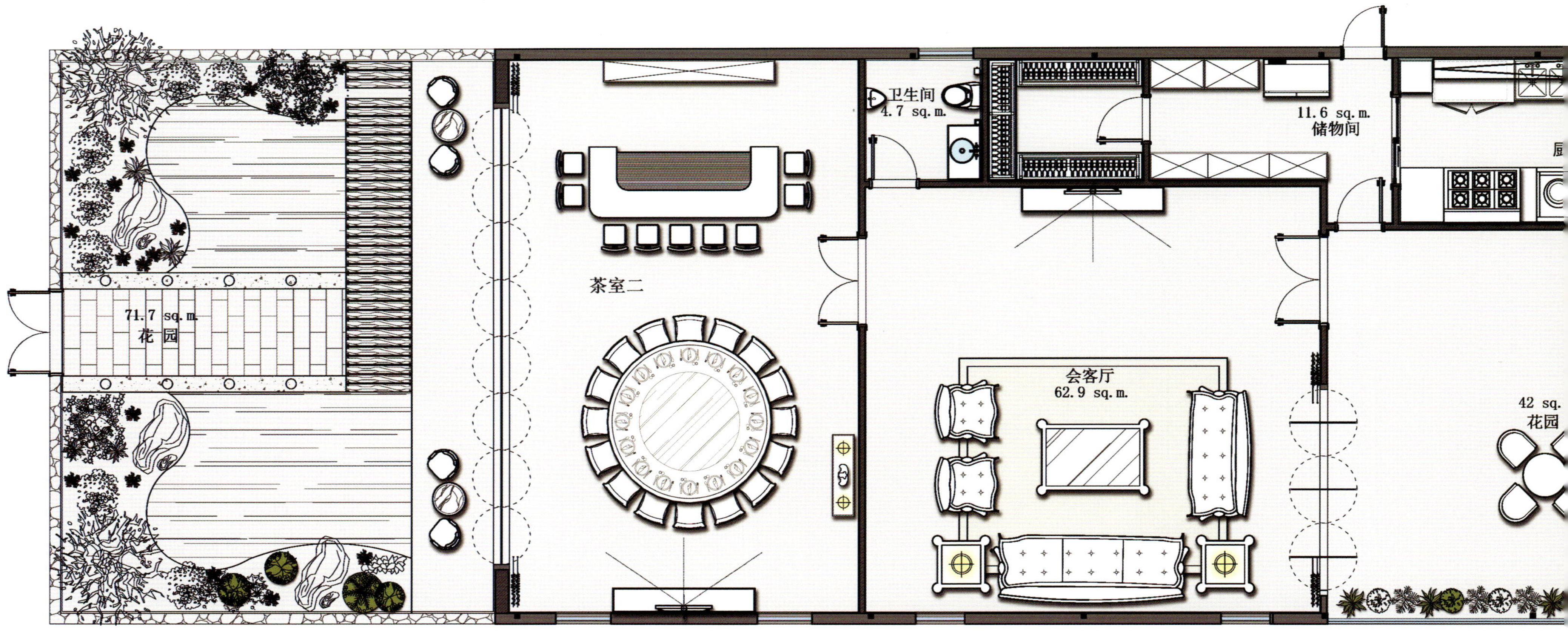

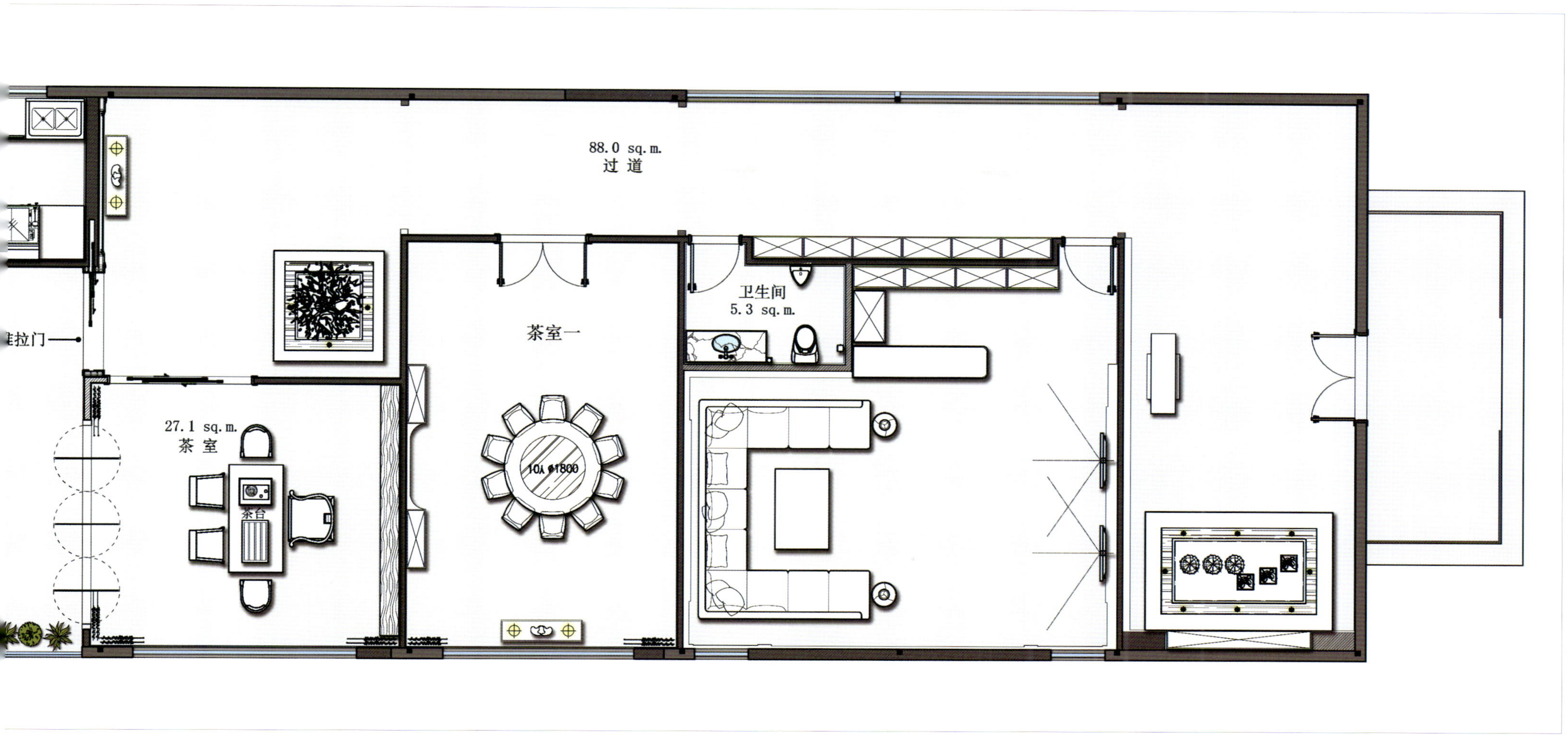
88.0 sq.m.
过道
卫生间
5.3 sq.m.
茶室一
拉门
27.1 sq.m.
茶室
茶台
10人 φ1800

# 满庭芳 · 重意轻形东方禅

## 深圳欧引服饰办公空间/展厅

**项目面积：** 800m² / **项目地点：** 深圳福田天安数码城 / **室内设计：** 深圳柏纳德空间设计机构
**主创设计师：** 张志文 / **参与设计：** 朱靓雯、杨蔚宇、盛平峰 / **软装方案：** 张志文 / **摄影：** 张志文
**主要材料：** 生锈铁板、水泥肌理、艺术实木板、铁管、打孔铁板

欧引服饰不是刻意贴上东方禅意标签，而是一种重意轻形的静谧表达方式。设计上打破了太过形式化的东方禅意，塑造出带点东方感觉但不会太刻意，有禅意的感觉，整体传达出一种质朴时尚的感觉，设计成有格调重气质的空间。

欧引服饰空间包含100平方米的展厅和700平方米的办公区域，展厅主推品牌OUALLIN的基因内核也是我们赋予的“追本溯源，返璞归真”。入口的设计利用形体的自身逻辑和材质光影的质感塑造时尚现代的感觉。设计师把光带作为一种几何设计语言整合到空间中，塑造另一种质感。入口的接待台设计了分体结构，左侧的生锈铁板制作的自循环水池为空间注入一丝活力，水泥制作的服务台粗犷有力。前厅临时接待区设计了与空间一体化的木台代替传统的座椅，凹陷的部分放置了一个品牌自身的可移动模特，方便定期更换主题模特。前厅进门左侧的区域设计了一块通体镜面拉伸了空间的层次。天花的内嵌条形灯带与地面条形灯带形成呼应形成强有力的空间设计语言。

通道尽头的一幅抽象水墨山水做了一个视觉聚焦。此处通道右侧的处理则是放置了四个历经岁月冲刷的朽木与背后的冲孔山水图案的屏风呼应--山水木石的主体场景，尽可能做到深藏若虚。干净利落的大面积留白使空间层次更为分明，也给人联想的空间。展厅的设计在空间上没有做过多的造型和分割，而是利用原木、水泥、铁板、软装等材质，用非常平实的手法将服装的质感凸显出来。

考虑到各种材质之间的关系采用的是定制的LED聚焦射灯，整个空间利用散点照明凸显材质的质感和整体氛围。展厅中央的摆台，利用原木板和天然旧石槽进行了重组设计，石槽内注水之后养了浮游绿植，塑造一种自然清新的质朴感觉。

办公室在设计功能立面的时候把通道的效果直接考虑进去。通道的转角处定制了一幅水墨写意山水，使狭长的通道有了聚焦点。设计部是更为开放的布局，考虑到每个设计师都会有样衣货架等工具，特意把走道设计的很宽敞方便样衣货架的推拉移动。裸露的天花被有序的“米”字型吊灯统一起来。

销售总监的办公室基装部分处理非常简洁，主要通过家具的陈设品凸显其空间格调。整板的原木办公台和新中式的家具相形益彰，黑铁板定制的书柜则极为现代，空间整体塑造出一种东方现代禅意的气质。

OU-ALLIN

OU-ALLIN
OU-ALLIN

▶ 总平面图

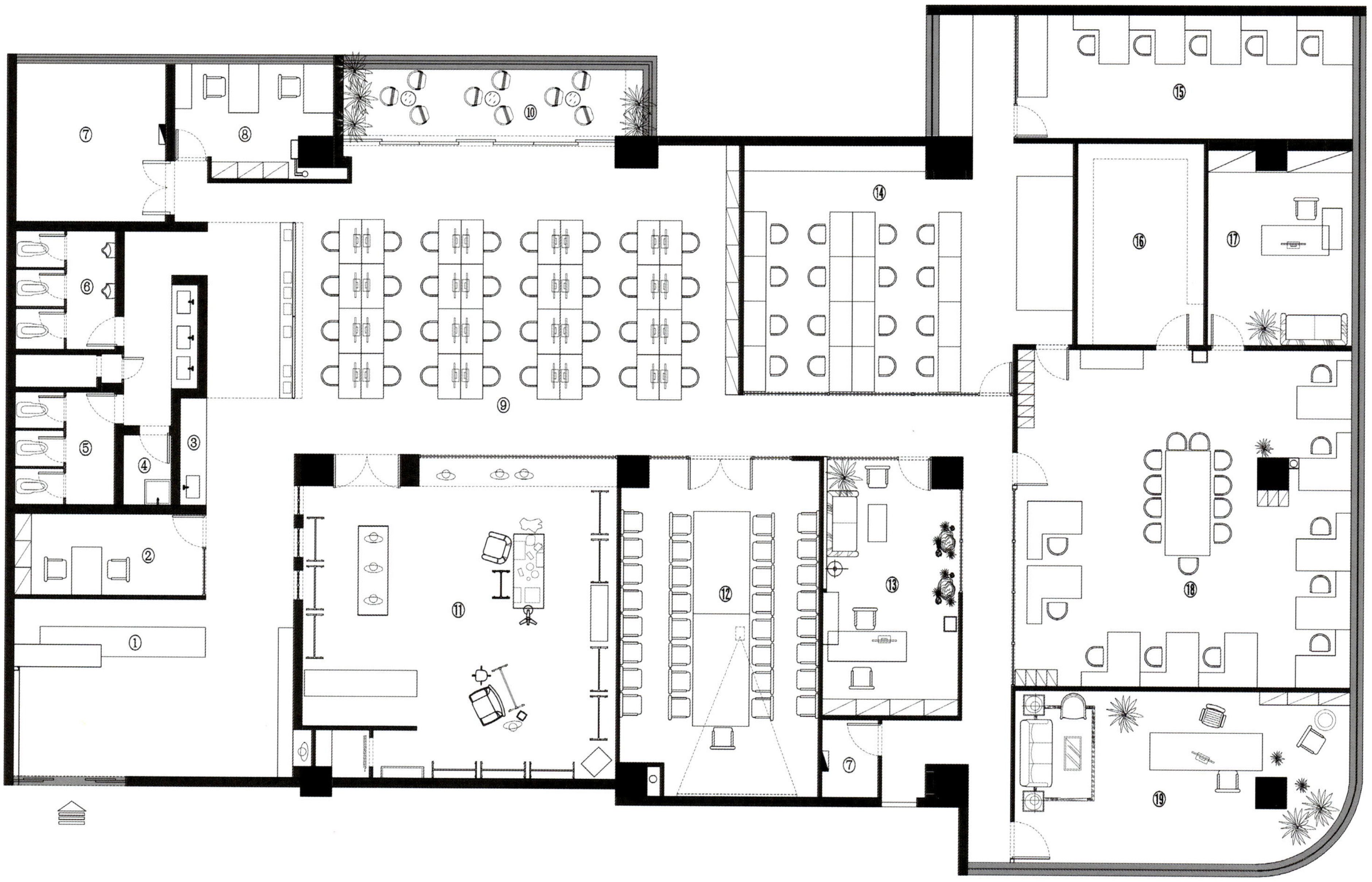

①前台
②办公室
③茶水间
④杂物房
⑤女厕
⑥男厕
⑦机房
⑧财务室
⑨开放办公区
⑩阳台
⑪展厅
⑫会议室
⑬业务总监办公室
⑭技术部办公室
⑮技术部纸样室
⑯仓库
⑰设计总监办公室
⑱设计部办公室
⑲总经理办公室

# 满庭芳·丹青水墨东方魂

## 深圳戴勇之家

**项目面积**：245m$^2$ / **项目地点**：深圳 / **室内设计**：戴勇室内设计师事务所（深圳）
**陈设软装**：戴勇室内设计师事务所（深圳） / **摄影**：陈彦铭、戴勇、郑权
**主要材料**：胡桃木饰面、实木地板、意大利蜜蜂瓷砖、本杰明乳胶漆、银灰洞云石；家具来自U+、HC28以及收藏的老家具

回归中国传统文化，质朴而安逸，仿佛置身于丹青水墨之中。
空间极简的线条和淡雅的色彩形成气定神闲、富于文化氛围和精神归属感的人居空间。
本案体现出闲逸清爽的人文生活，沉思象征的心灵空间。

初入玄关，一目了然的中式意境就让人颇为惊喜。步入客厅，干枝的小景，淡淡的禅味，让浮躁的心静下来。当代原创艺术画作清新脱俗，从生活中获取鲜活的艺术感受并从传统美学方法中汲取巧妙的构成元素，完成了一次传统回归。客厅空间以木作生雅致之魂，木案、木地板、木柜，搭配简约的沙发与纯色的抱枕，相映成趣。临窗设有小憩坐台，厅内厅外风景独好，是抚琴冥思的好处所。主人收藏的铁壶、瓷器、佛像更给人带来自然人文古意。

茶室入门的条案上，清净庄严的佛像摆件让禅意油然而生。在家中打造一间清新雅致的小小茶室，燃一线香，沏壶好茶，架上藏纳古物雅玩，在行云流水的琴音中体味淡泊的心境，细品袅袅的茶香，这未尝不是现代生活中返璞归真的诗意栖居。茶文化的深厚底蕴在意境满满的空间里得以传承和表达。

延续古色古香之意，木制镂空的格栅门在开合之间制造空间的变化，巧妙的设计中带着对传统文化精髓的美好追寻。餐厅的水墨晕染画让空间瞬间高雅素净起来，实木餐桌与细致安放的器皿交相辉映，隐喻独到的审美和非凡的气度。

主卧设计从传统艺术形式的留白、简约、隐喻中提取灵感，拓宽空间的层次布局，予人以想象余地；沿用简练、雅致的设计笔触，结合朴拙的物件，形成视觉上的碰撞与冲突，以情寄物，以物传情，赋予空间灵魂，更强调卧室空间艺术意境的营造，虚实相生自然皆成妙境。在恬淡虚无的笔墨韵律中，完美演绎当代设计的纯粹精神。

室内设计师戴勇主张优雅传承的自然美学风范，摒弃雍容繁复的装饰，力求创造一种属于人之性情与外在场所精神统合的居宅空间境界，回归到人最自然的生活状态中。隐约中的含蓄氛围、凡俗化意境里所独缺的优雅与秀美，正是东方精神气质的自然流露。

▶ 平面布置图

# 满庭芳·中式韵味茶道禅

## 南京桃花源茶室

**项目面积**：$300m^2$ / **项目地点**：南京
**室内设计**：思联建筑设计有限公司（CL3）/ **摄影师**：Nirut Benjabanpot
**主要材料**：木材、竹、大理石、玻璃、太湖石

茶凝集了天地之灵气，古往今来为文人墨士所钟情。
桃花源作为传承中国茶文化的茶室，力求在创新中贴合现代人的生活需求，
室内设计融合了禅意美学与简约风格，
为纷繁都市带来一隅静谧自在的共享空间。

南京桃花源茶室的建筑呈现单层矩形的清朗轮廓，隐于林间犹如天然的杰作。大理石浑厚稳重，玻璃灵动纯净，如此搭配的立面刚柔虚实协调，使建筑造型渗透着现代气息。室内成为整体建筑的延展，主要选用木材、竹和大理石，质朴的材料配合简洁的线条，创造禅意安稳之感。

茶室整体色调简约柔和，结合了太湖石、灯笼、绘画和艺术品等传统元素，烘托出一个与自然相融的宁静所在。太湖石是湖下采来的大型岩石，留存着久历侵蚀下形成的孔洞和褶皱纹理。六件太湖石置于一块模仿水面倒影的黑色镜面平台上，既为曲折圆润的艺术装置，同时将茶馆分隔出半私密空间。而在黑框玻璃勾勒出的天然背景中，室内的直线设计呼应了馆外树林纵向线条的印象。

整体空间配以定制的家具和灯具，与室内硬装气质相结合，反映中式讲究均衡之道。茶室既有沿袭古时“席地而坐”的低矮家具，也有因应当下“垂足而坐”的现代家具，其颜色均朴素，材质也多原木，透出圆融的古韵和新意，为传承中国文化提供了当代的诠释。

▶ 平面布置图

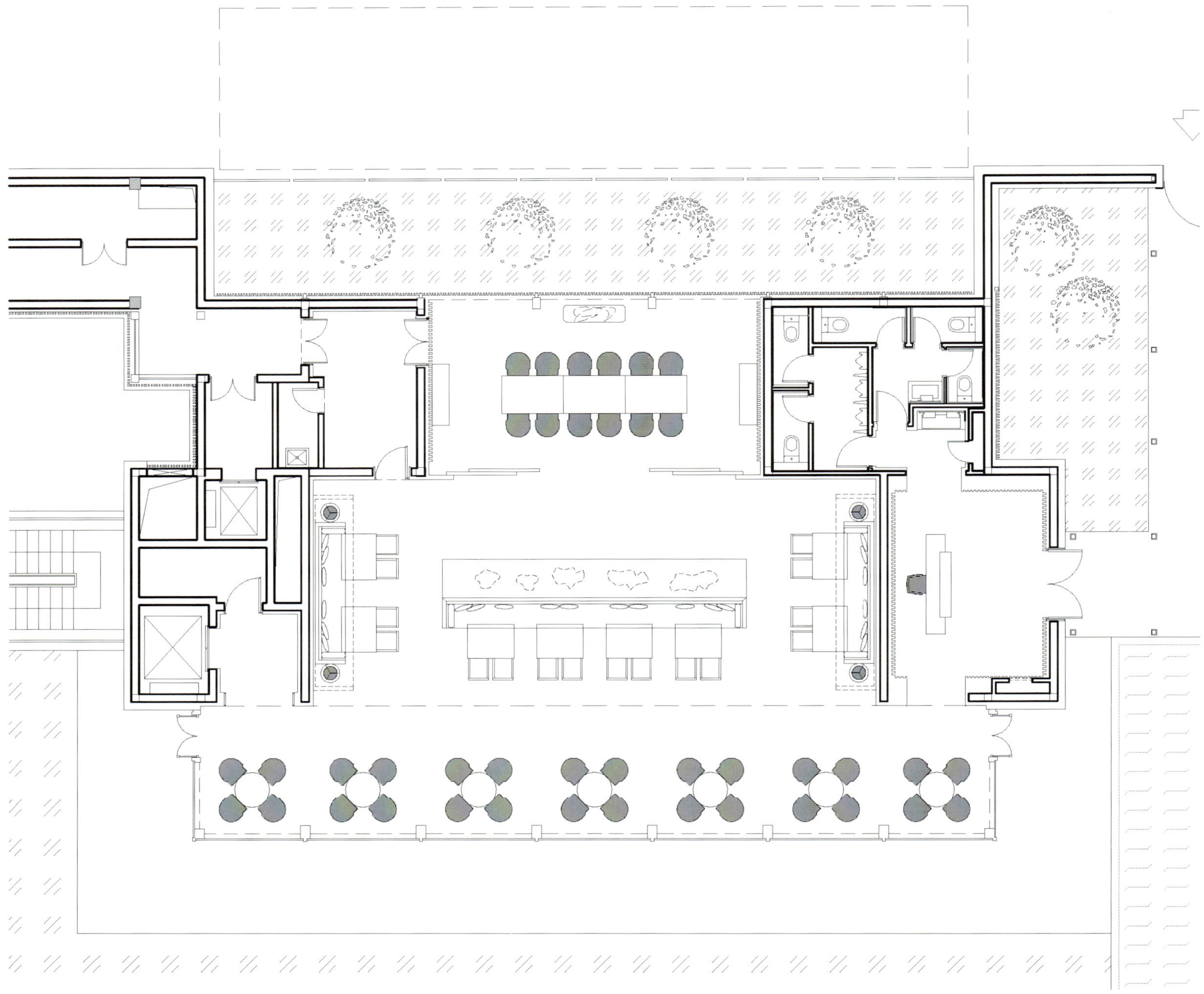

新中式空间之

# 古朴意境

新中式空间在追求新意和中式韵味的双重要求下，也体现出浓浓的怀古柔情和意蕴。其表现出来的古朴意境，主要在于两大方面：一是大量运用中式传统元素，如实木明清家具、古玩、屏风、花鸟图案、字画等；二是采用中国古时某个朝代的风格为范本或主题，使空间呈现出浓浓的古典文化韵味。

## 满庭芳·清风明月夜

关中风情，千年传唱，诉说史韵些许。
古意小楼，山湖依人语。
犹记食府前路，古树下，清风微拂。流转间，夜宴声嚣，美酒倾如注。
不如，当此际，静坐品茗，何度虚无？
画屏人影动，古琴轻抚。
水面荷举景筑，月如霜，清歌一曲。不思量，隐匿东方，相忘于江湖。

【解析】关中风情经过千年的传唱，静静诉说着那久远的故事。一座充满古意的小楼，倚着湖畔，似也在耳语欢笑。还记得食府前古树下，清风拂面。水光流转间，夜宴喧嚣声不断，美酒一盏接着一盏。倒不如静下心来慢慢品茶，透过屏风，看美人轻抚古琴。水面荷叶亭亭玉立，月亮如清霜般皎洁，令人忍不住也随之清歌一曲。或许，因于此，该忘记世间纷扰。

现代人的古典情结借其室内空间而得以演绎，古楼、画屏、古琴皆为中式传统建筑及元素，可谓古意盎然，依傍山湖、水面荷举、静坐品茗，皆给人幽静之感，尤其在夜宴喧嚣的反衬下，更显古朴清幽。

满庭芳

# 满庭芳 · 茂林竹间避烦忧

## 南昌力高 · 十里春风售楼部

**项目面积：** 590 $m^2$ / **项目地点：** 江西南昌余干县瑞洪镇高速路 / **业主：** 力高地产
**设计单位：** 深圳市飞檐室内设计事务所
**主要材料：** 天然木材、天然石材、乳白色灰泥、布艺、喷绘墙纸

力高 · 十里春风是江西首创建筑面积约88平方米起的中国合院，约60亩原生竹林相伴，茂林修竹间，枕水、听竹、享院。中式徽派建筑的风骨：四合院、马头墙、青砖黛瓦粉墙、坡屋顶、飞檐、三雕、镂空花窗等尽在十里春风承袭。

项目售楼部的平面大格局为二进式，大堂、观赏功能及休息区是进入售楼部的第一空间，为一进。大堂采用对称的设计手法，传达出中式的秩序美学。镂空屏风与光影相映成趣，散发着素雅的东方气质。

因为采用了有传统韵味的院落式布局，空间层层递进，对景、框景、端景等东方美学特点的造景手法，在此都有体现。客户走过一层层的空间，体味每段不同的氛围与微妙的差异，逐步走向二进式的连廊，映衬着更深处落地窗外的自然绿意和美景，可感受空间的壮阔与气势。

接待洽谈区及餐厅是进入售楼部的第二空间，为二进。洽谈区，窗外的一草一木，显得精致惬意，阳光洒至屋内，此时此境，闲暇之余，忘却城市喧嚣烦忧。

十里春风售楼部的空间硬装以天然木材、天然石材、乳白色灰泥为主，布艺、喷绘墙纸为辅；软装以"明式家具"为主，呈现出安静、禅意、韵味、别具风雅的感觉。

十里春風

▶ 一层平面图

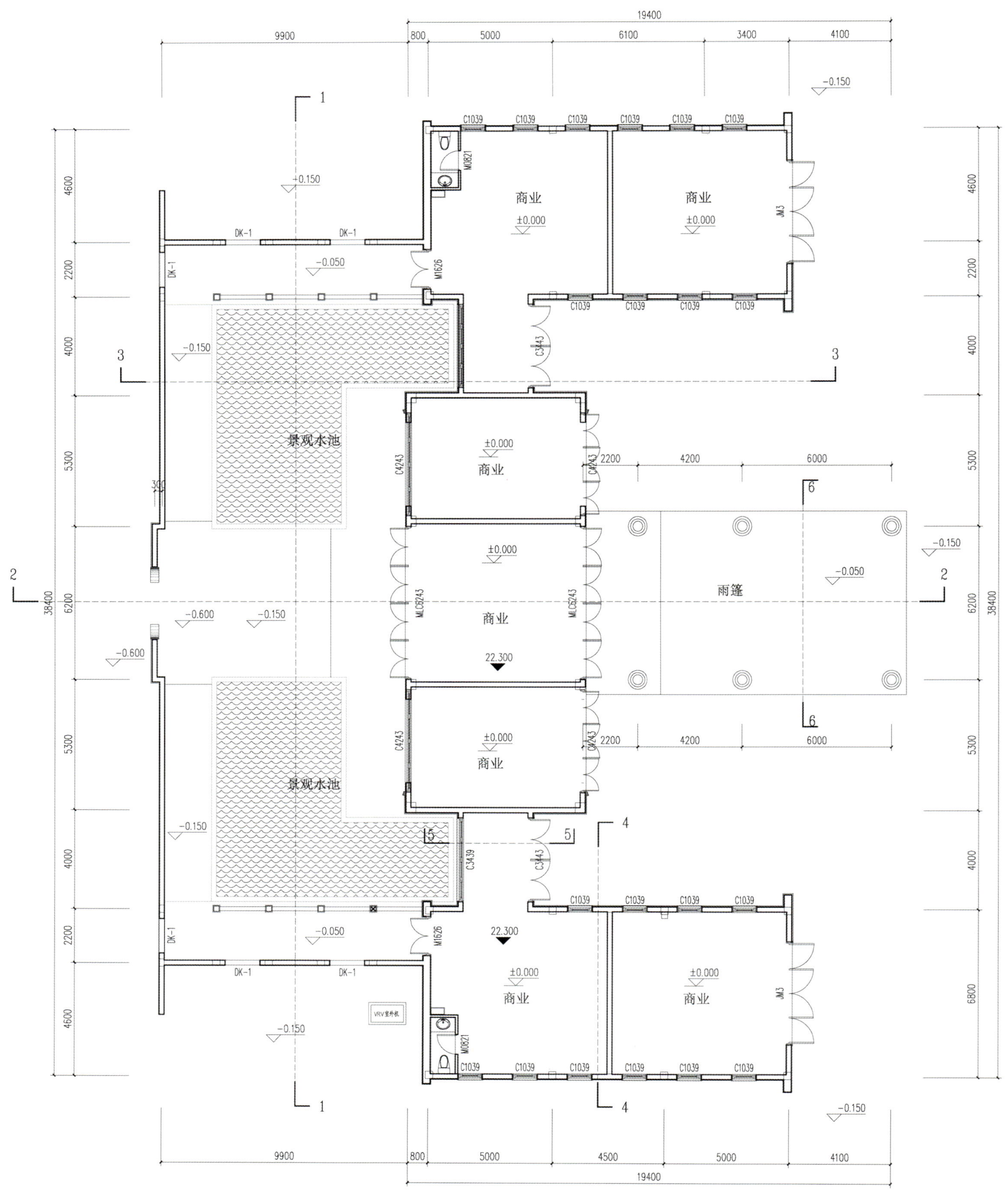

19400
9900
800
5000
6100
3400
4100
商业
±0.000
景观水池
雨篷
-0.150
-0.050
-0.600
22.300
4600
2200
4000
5300
6200
38400
4500
6800
4200
6000

十里春风
江西首席
文化修养栖居地

# 满庭芳 · 山水院落之大成

## 南昌力高 · 十里春风样板房

**项目面积**：130 $m^2$ / **业主**：力高地产 / **项目地点**：江西余干县瑞洪镇高速路
**设计单位**：深圳市飞檐室内设计事务所
**主要材料**：卡布里灰大理石、啡金仿古面大理石、艺术质感涂料、栓木锯痕木饰面、柚木地板、墙纸硬包

力高 · 十里春风在徽派建筑的基础上借鉴了部分苏派建筑的做法及构成元素，
白墙黑瓦压顶形式回应当地文脉，
高低错落的院墙与低墙大窗与高墙小窗等形制将周边景观充分纳入庭院内部的同时，
保证居住的私密性。

力高 · 十里春风承启中国山水院落之大成，筑梦人居休闲秘境心乡。项目设计着眼于苏州园林之美，将现代人对自然的生活追求，运用了苏州园林的语言符号，“去繁存简”将传统与现代文化融会贯通。空间装饰多采用简洁硬朗的直线条。直线装饰在空间中的使用，反映出现代人追求简单生活的居住要求，更迎合了中式家具的内敛与质朴，更加实用，也更富现代审美。

设计色彩以黑白灰为主色，铜、橙色为辅色，以米色为主调的硬包、墙纸的整体布局，凸显着新中式的沉稳与内敛，同时以“淡妆浓抹总相宜”的东方色彩作为映衬，相生映辉。

进入玄关映入眼帘的是一幅自然画卷，加上旁边的书法，使玄关处多了一份自然美与人文美。客厅处可见禅意的的茶室与现代的开敞式厨房及吧台，结合古典中式的装饰元素，来呈现亦古亦今的空间氛围。客厅背景的造型简洁现代，却在醒目位置饰以中式书法，这种绝妙的组合给人以强烈的视觉意志力，成为时尚与古典的柔媚结合。卧室以精巧的灯具和雅致的背景图案，使整个居室在浓浓古韵中渗透了几许现代气息。书房与玄关、客卧皆是有着异曲同工之妙，采用了“借景”的手法，使空间不再沉闷更加富有生机。

现代人快节奏的生活步调，缺乏一种“停下来”的姿态，本案中的轻中式，摒弃了现代风格现代风格完全简约的呆板和单调，在空间设计、材料、色彩运用，家具装饰品陈设上，对苏州园林古文化的再创造，使之融入空间，古色古香，简约时尚，没有喧嚣与繁冗，一派宁静悠远。

► 一层平面图

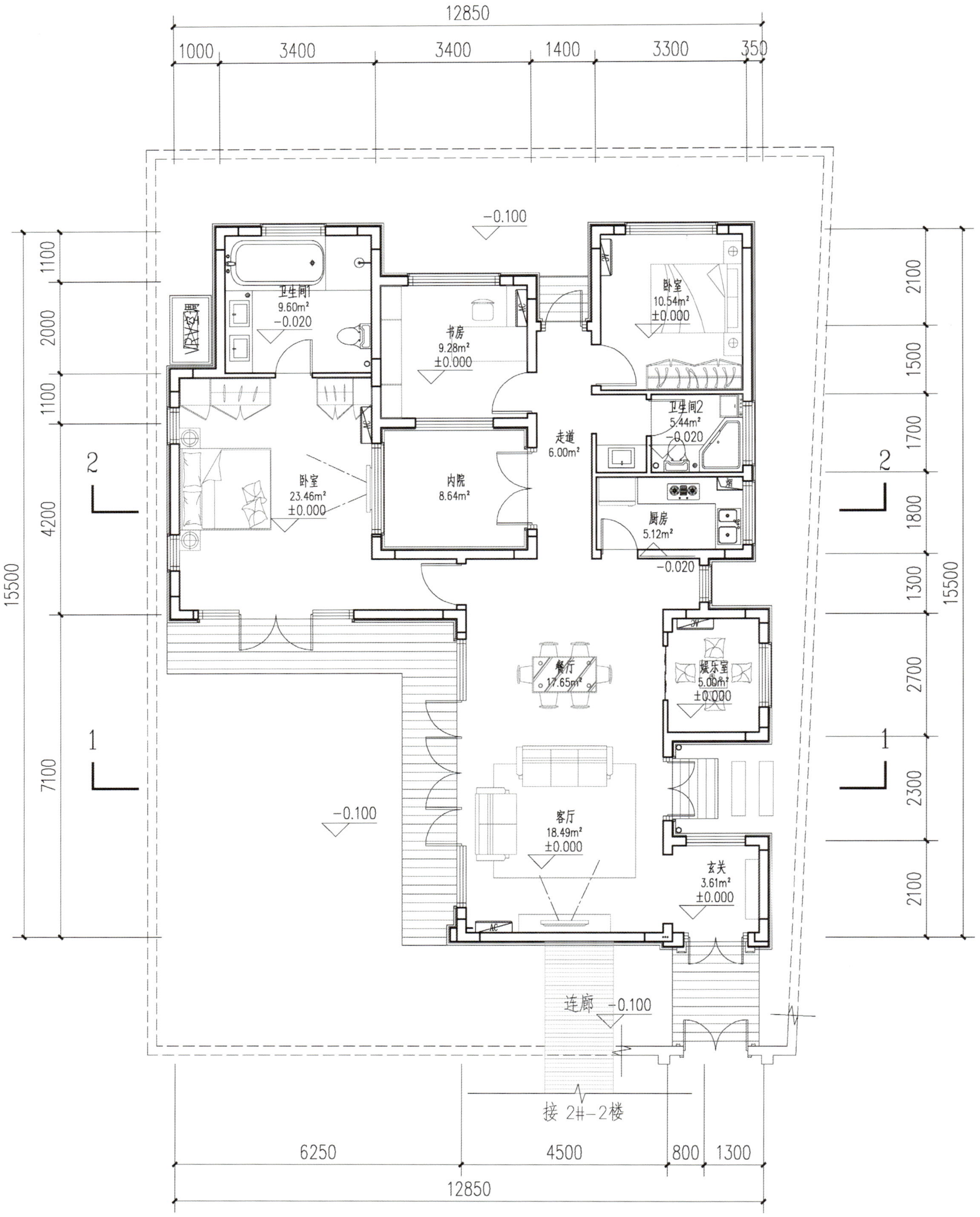

12850
1000
3400
3400
1400
3300
350
−0.100
卫生间1
9.60m²
−0.020
书房
9.28m²
±0.000
卧室
10.54m²
±0.000
卫生间2
5.44m²
−0.020
走道
6.00m²
卧室
23.46m²
±0.000
内院
8.64m²
厨房
5.12m²
−0.020
餐厅
17.65m²
娱乐室
5.00m²
±0.000
客厅
18.49m²
±0.000
玄关
3.61m²
±0.000
−0.100
连廊
−0.100
接 2#−2楼
1100
2000
1100
4200
7100
15500
2100
1500
1700
1800
1300
2700
2300
2100
15500
2
1
6250
4500
800
1300
12850

# 满庭芳·江南雅韵藏花间

## 湖州南浔花间堂·求恕里

**项目面积**：2874 $m^2$ / **项目地址**：浙江省湖州南浔镇求恕里
**设计公司**：Dariel Studio / **设计师**：Thomas Dariel
**主要材料**：生丝、砖木、竹编

花间堂·求恕里是对民国初年“嘉业堂主”刘承干的古别墅“求恕里”的修缮，对其中局部进行了细微调整与升华，修缮后的求恕里仍然保留了古建筑的历史风貌，整体设计概念始于刘承干的藏书成就，以“藏”为主题贯穿始终。

花间堂·求恕里的设计手法及元素均从“藏”的惊喜感来讲述南浔和求恕里的故事。花间堂·求恕里本身的空间结构兼具上海里弄与苏州园林之趣，进门即见的景象别致深刻：一条颇具上海里弄风格的长甬道，中间有一座西洋门楼，上刻“鷓溪小隐”四字，“鷓溪”是从小莲庄与嘉业藏书楼旁涓涓流过的小溪——鷓鸪溪。而“小隐”正是“大隐隐于市，小隐隐于林”的心境写照，与整个设计主旨遥相呼应。

刘家以丝业起家，丝的元素必不可少。设计师有意向将此元素结合藏字用于公共区；大堂、休闲区的背景柜体使用藏的手法，虚实相间，体现“藏”的魅力。公共过道区运用编织深化的交叉几何形状做成屏风，分割不同功能的区域。餐厅的天花使用生丝的编织手法，使用红蓝防火线进行空间穿插，放大生丝的生产细节，给客人带来奇幻的视觉感受。

为了契合南浔古镇的历史感及中国文化元素，设计师结合江南园林特色提炼出“耕、园、渔”三大农业元素主题，同时提取出土地接近的主色橘色、田园接近的主色绿色和渔业接近的主色蓝色这三种充满活力的颜色用于装饰。橘色系列客房使用暖色质感的竹编、挂画等营造氛围；绿色系列客房选取元素倾向自然、朴实，营造一种轻松园林氛围；蓝色系列客房采取了比较现代的波浪纹理及中式纹样，给人一种被水波轻柔包围的舒适感。

在进行修复改建时，砖木雕刻都被保留起来，并且修旧如旧，重现新生。外宅和内宅的主隔扇裙板所雕皆为“渔樵耕读”的传统图案，无论亭台花树还是人物，都栩栩如生，雕刻手法以散点透视和平面铺陈的苏工技艺为主，略近似于“苏绣”纹样，密不透风，疏可走马。

除了保留和恢复其中式的特点，中西合璧在这个室内空间也表现得淋漓尽致，如绿色系列客房和蓝色客房配以Maison Dada的可旋转咖啡桌Lazy Susan，与中式氛围完美融合，更添了几许俏皮和趣味。飞行的台灯式吊灯 Little Eliah 更制造出仿佛可以跳脱时空的氛围，让人感受到法式的幽默和浪漫之感。中式装饰以及西式装饰的互相混搭营造出现代与古典的别样完美的结合。

► 总平面图

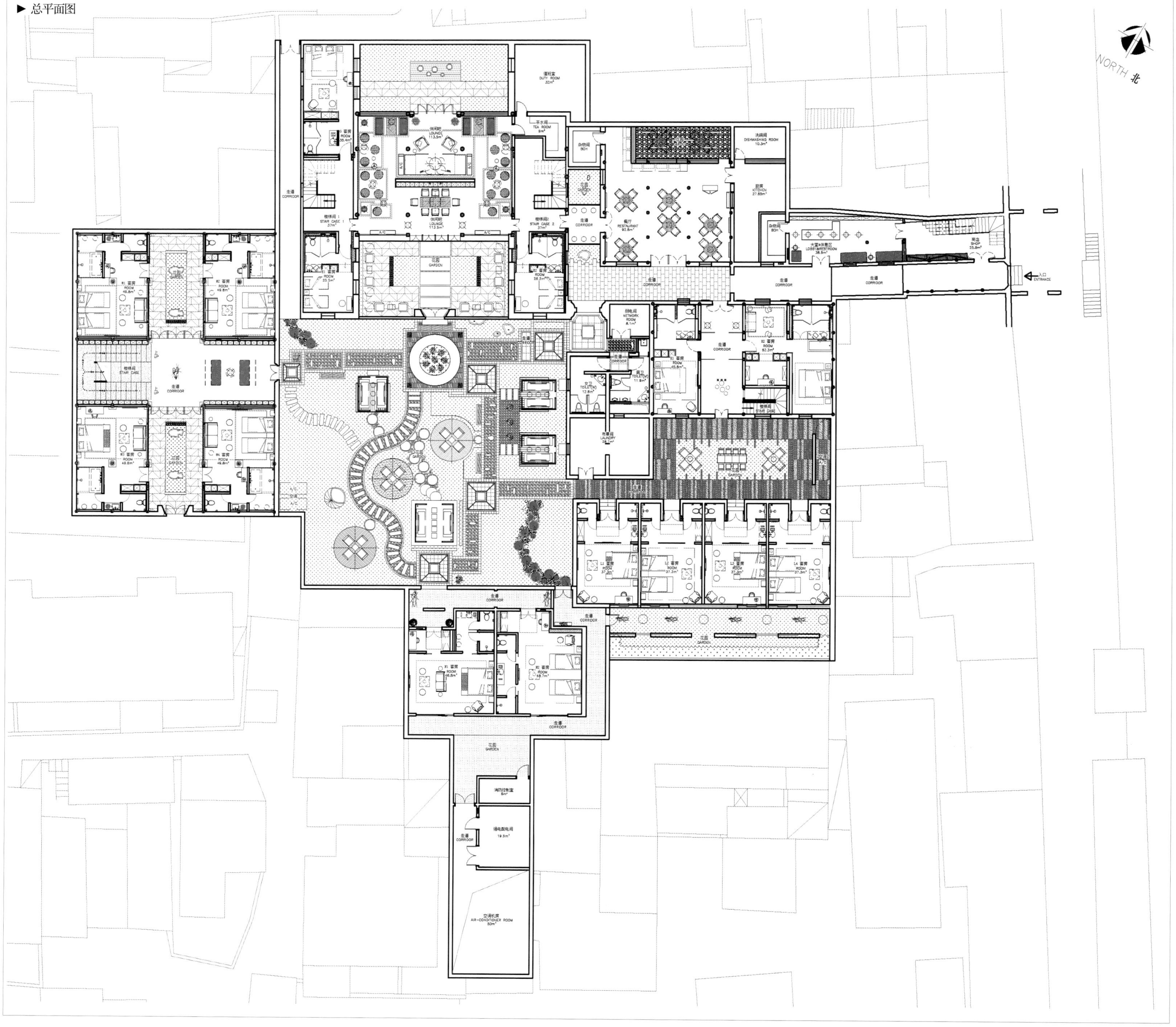


► 大堂、餐厅平面图

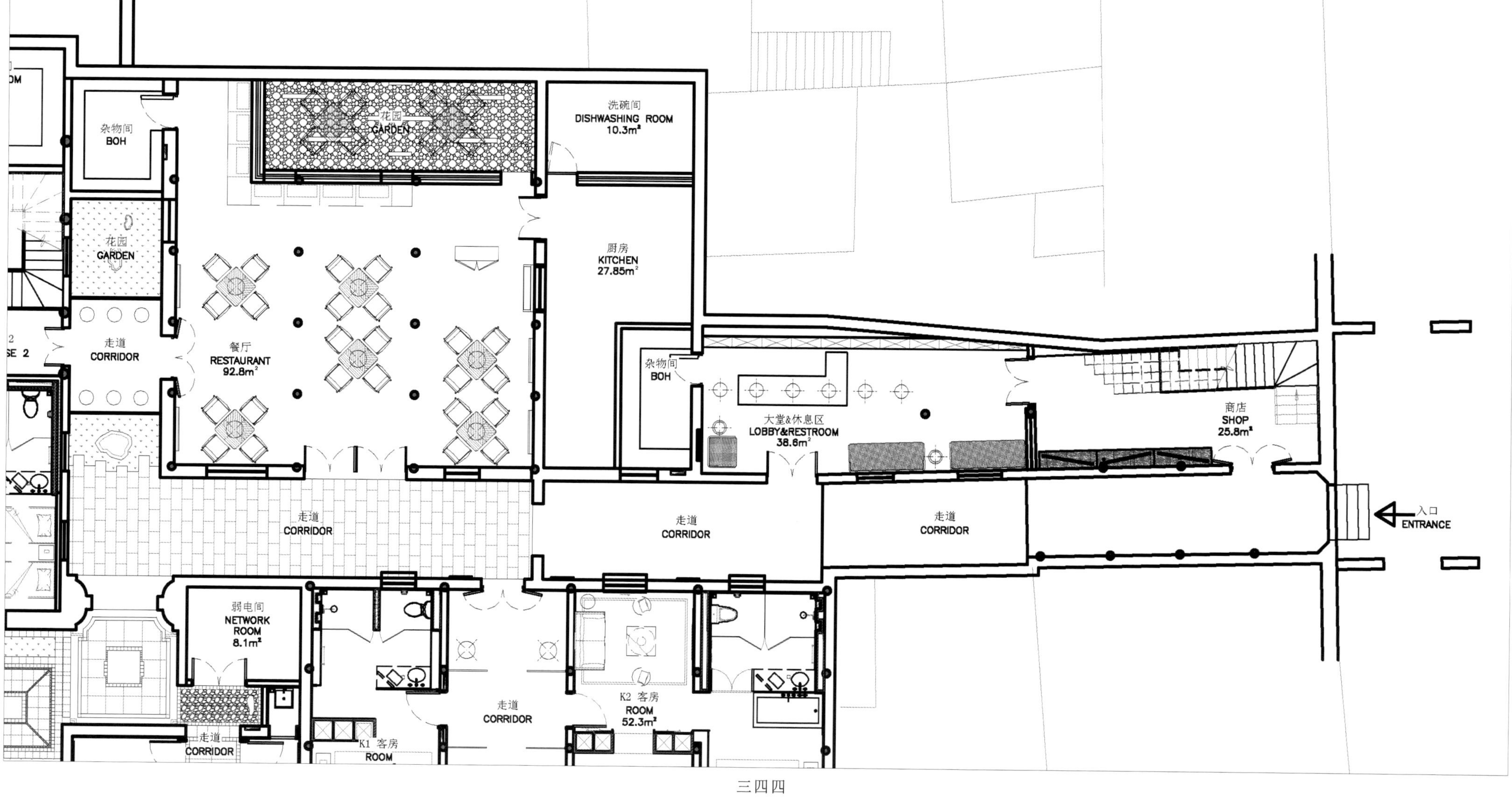

鴻溪小隱

# 满庭芳 · 沉醉烟雨梦江南

## 南京民国红公馆

**项目面积：** 1700m² / **项目地址：** 南京市剪子巷 / **设计团队：** 南京名谷设计机构
**软装陈设&执行：** 蜜麒麟陈设组 / **主创设计师：** 潘冉、Jaco Pan / **摄影：** 李国民（台湾）
**主要材料：** 木、泥灰、水磨石、大理石

南京民国公馆取民国风韵之精神，由南北二楼架桥相连，
流水其间亭院各处，后置松柏、芭蕉、紫竹、桃花、杨柳等。
由艺术家独立创作的“南京故事”题材：
浮雕、辟邪、街巷、祥云、秦淮胜境等元素，拉开通向民国往事之序幕。

经老门东牌坊入剪子巷东30米处，由北拾阶而上，见五尺宽铜门向内，迎面玄关，屏风半掩，于转折处便可进入公馆客厅。沿东西轴线布置吧台及礼宾区，中置岛台书塌，分离出内部交通。

浮雕上方正中悬挂“当代书峰”乐泉先生创作的草书匾额“红公馆”，取材民国时期保存至今的紫桐木整板雕刻，吧台面放置磁石电话与上方灯盏呼应，书塌上布置百科旧籍、鸟笼、陶罐、烛台等物件，重温历史生活中最细腻的部分。

客厅东面礼宾区以壁炉为中心，墙面悬挂总统府旧照油画，与西墙面浮雕遥相辉映，粉彩绣墩与提花地毯，优雅中透着仪式感。客厅的作用除了迎宾送客亦是集散枢纽，南面并置两个入口，分别通往一层堂食区和北二楼的包间区。北二楼布置九个包间，取名“大千食园”“逸仙别院”“美玲客厅”等，分别以民国历史名人取名，包间内布置除基本就餐功能所用的家具外，均以各人物性格展开叙事，还原记忆的画面。

通往二楼的楼梯始终暗淡，甚至晦涩，试图在有温度的交互中保持部分冷静，从而在步入另一个场域前，整理出独立的情绪。独立的情绪通过挂在灰色墙面正中的图画与空间和解，画面中推开的窗扇伸向街巷，窗台下粉色的荷花感染着盛夏的余晖。

堂食区分为东西二厅，由过廊相连。堂食西厅由原始建筑院落改建而成，保留院落中的主要树木，通过重组微观庭院形成区域视觉中心。加建部分用反支撑结构将楼板剥离原庭院地面，使之形成更加轻盈的建筑体量。顶面采用双层透明采光顶结构，便于过滤光线与节约能耗，日光下顶面可以获得饱满且充盈的自然光线，夜晚由外部投射照明，光影层层重叠。

南楼呈传统建筑形式中“对照厅”布局，改造后仅留东过道为室内交通贯穿南北，其余空间皆遵从建筑梁柱关系，分割为四个独立就餐空间，围天井于内，并以天井平面尺度退让至柱基位置，改造成一池静水飘然屋外，置风灯于水面，与室内交相辉映，行人通过、客人入座，皆可体验到建筑落于水中的轻盈通透。

紅公館
紅公館中餐廳

▶ 一层平面图

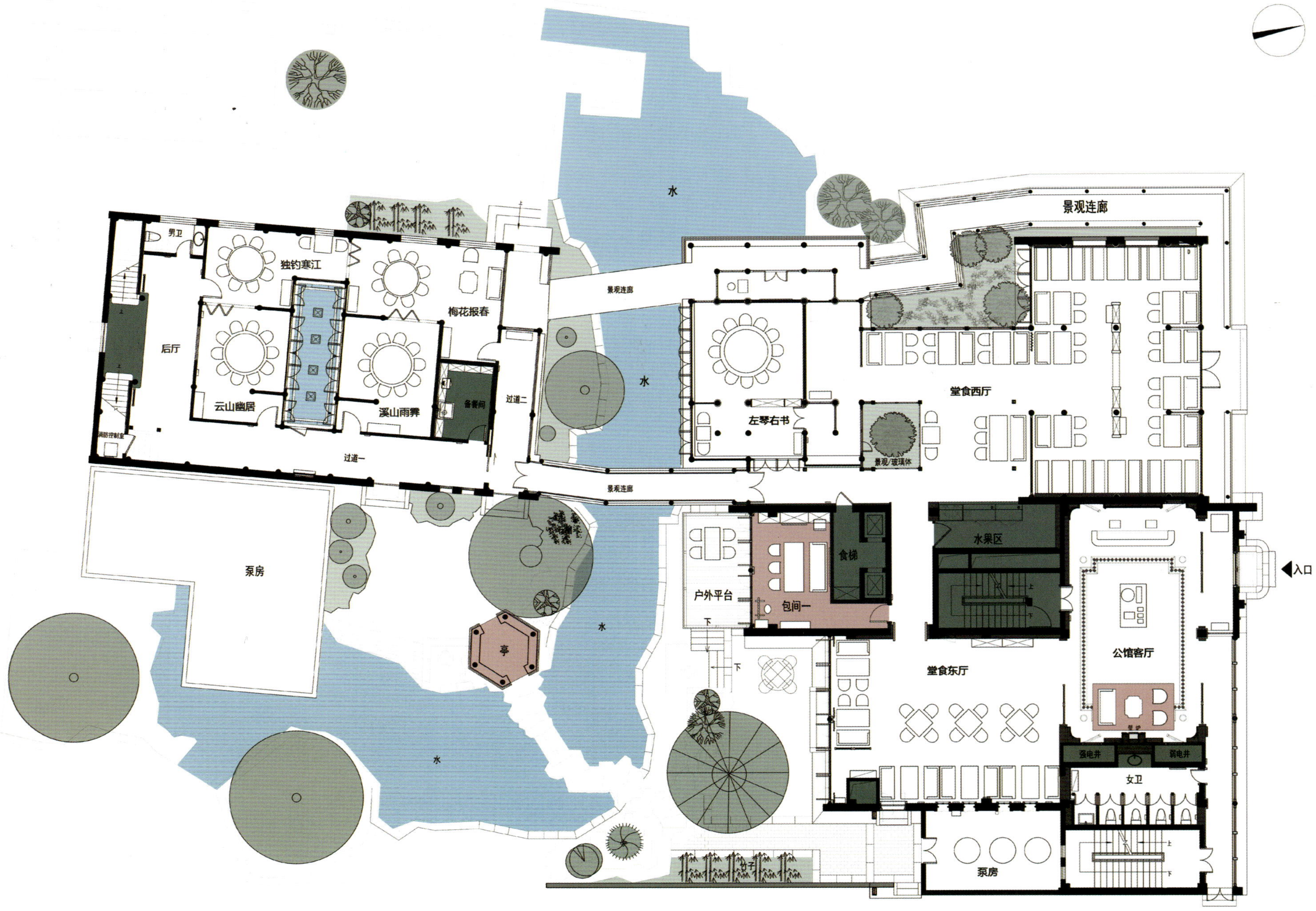

景观连廊
水
男卫
独钓寒江
梅花报春
后厅
云山幽居
溪山雨霁
备餐间
过道二
过道一
左琴右书
堂食西厅
泵房
亭
户外平台
包间一
食梯
水果区
公馆客厅
入口
堂食东厅
强电井
弱电井
女卫

▶ 二层平面图

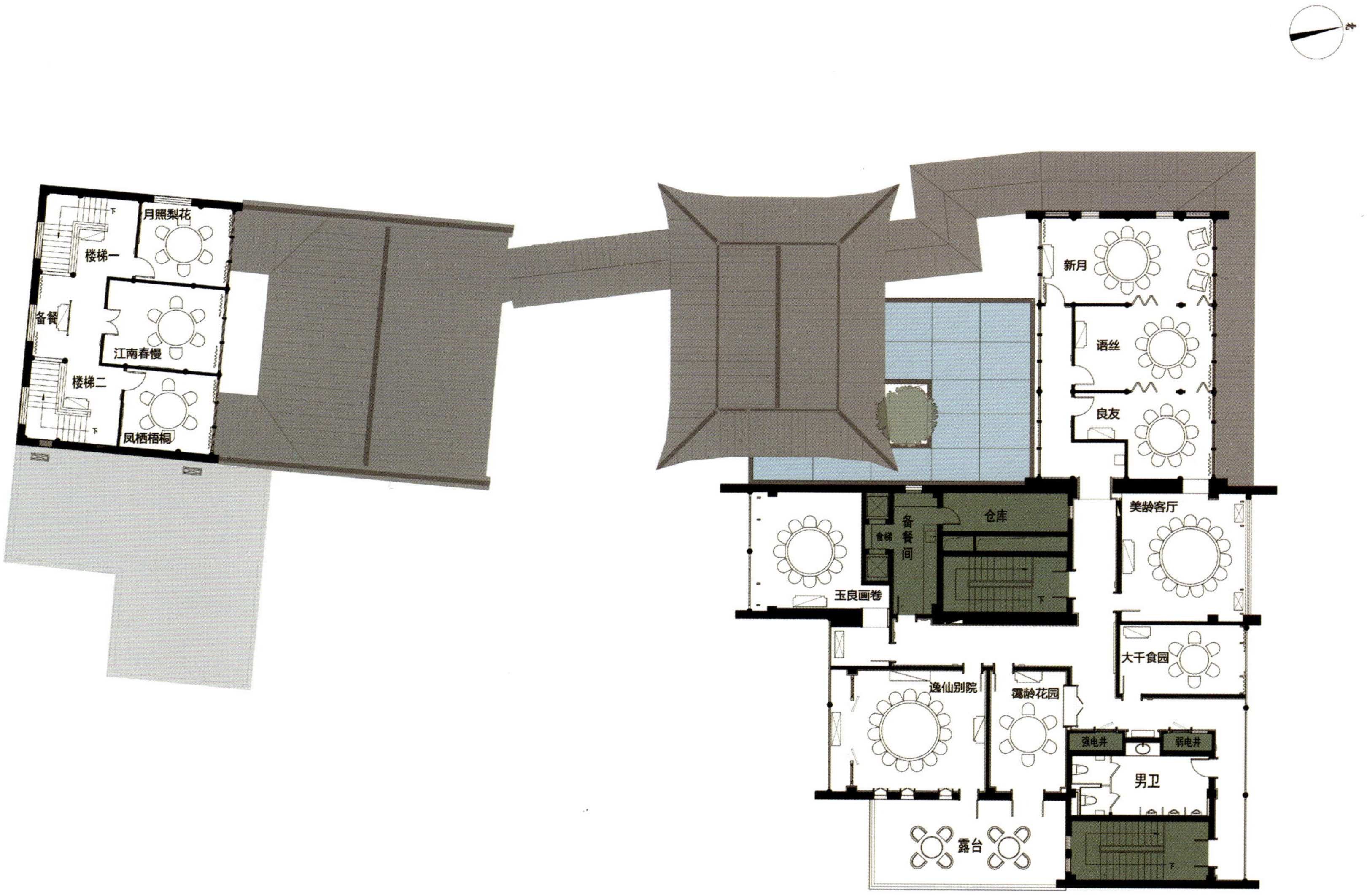
月照梨花
楼梯一
备餐
江南春慢
楼梯二
凤栖梧桐
新月
语丝
良友
仓库
食梯
备餐间
玉良画卷
美龄客厅
大千食园
逸仙别院
霭龄花园
强电井
弱电井
男卫
露台

满庭芳

# 满庭芳·白墙青瓦徽文化

## 合肥徽宴楼大牌档

**项目面积：** $980m^2$ / **项目地点：** 安徽合肥华润万象城 / **设计公司：** 合肥许建国建筑室内装饰设计有限公司
**主案设计：** 许建国 / **设计团队：** 刘丹 / **主要材料：** 砖、旧木、水泥、钢板

"一生痴绝处，无梦到徽州"，
徽州，山清水秀，地灵人杰，素有"东南邹鲁"的美誉。
徽宴楼的设计是时代精神与传统徽派文化的完美结合，室内白墙青瓦，
木栏屋脊是设计师用更为简洁的手法描述着徽味。

徽宴楼大牌档只做徽菜，店内风格也是浓郁的徽派设计，在室内空间设计上设计师将徽州文化以生活化的方式呈现。

该项目有两个业态的穿插，空间的风格有浓郁的徽文化气息。入门是像徽州古民居家中的厅堂，悬挂的红色灯笼让人眼前一亮，处处充满了喜庆之感，厅堂的上方挂着与徽州文化相对的山水画，古朴雅致、诗意幽幽。厅堂两边分布有烧饼、糖葫芦这样的小吃，制作的都是当地的老手艺人。

穿过厅堂呈现的景色，是采用现代手法表现的徽州水榭楼台，小桥流水，粉墙黛瓦，看似山水之间住有人家的感觉。顶面挂饰的白云，整体环境和谐自然，美到极致的东西，往往都是最自然的，小百姓们围桌吃饭，有听曲的感觉。道路侧面运用彩色玻璃隔断，从这边可以进入到米线店。

为了表现徽文化及其生活气息，设计师在空间的布置上采用八字围合，高低交错的方式，模糊了空间界线，让大厅融合。顶部运用蓝色灯光，营造星空的感觉，像在月夜下大家围坐在一起听戏。周边的卡座包厢，给客人提供不同的需求，墙面的虚山，护边的隔断，红色幕布的舞台晚上会有一些节目的表演，台下祖孙三代围在一桌吃饭听戏，也许这种记忆会伴随着一家人。开放式的明档展示了各式各样的徽州小吃美食。

在充满徽州味道的环境里也包含了现代的一些时尚元素。静静地坐在里面听着戏曲，看着周边鳞栉次比的建筑，吃着徽州味道的菜品，逐渐明白，为什么设计师会塑造这样的场景，虽然现在已经不可能像古人那样生活，但是传统却从来没有被抛弃，依旧活在设计师的心中。徽宴楼的设计是时代精神与传统徽派文化的完美结合，室内白墙青瓦，木栏屋脊是设计师用更为简洁的手法描述着徽味。

徽宴樓大牌檔
魚游墨沼蘋風暖

► 总平面图

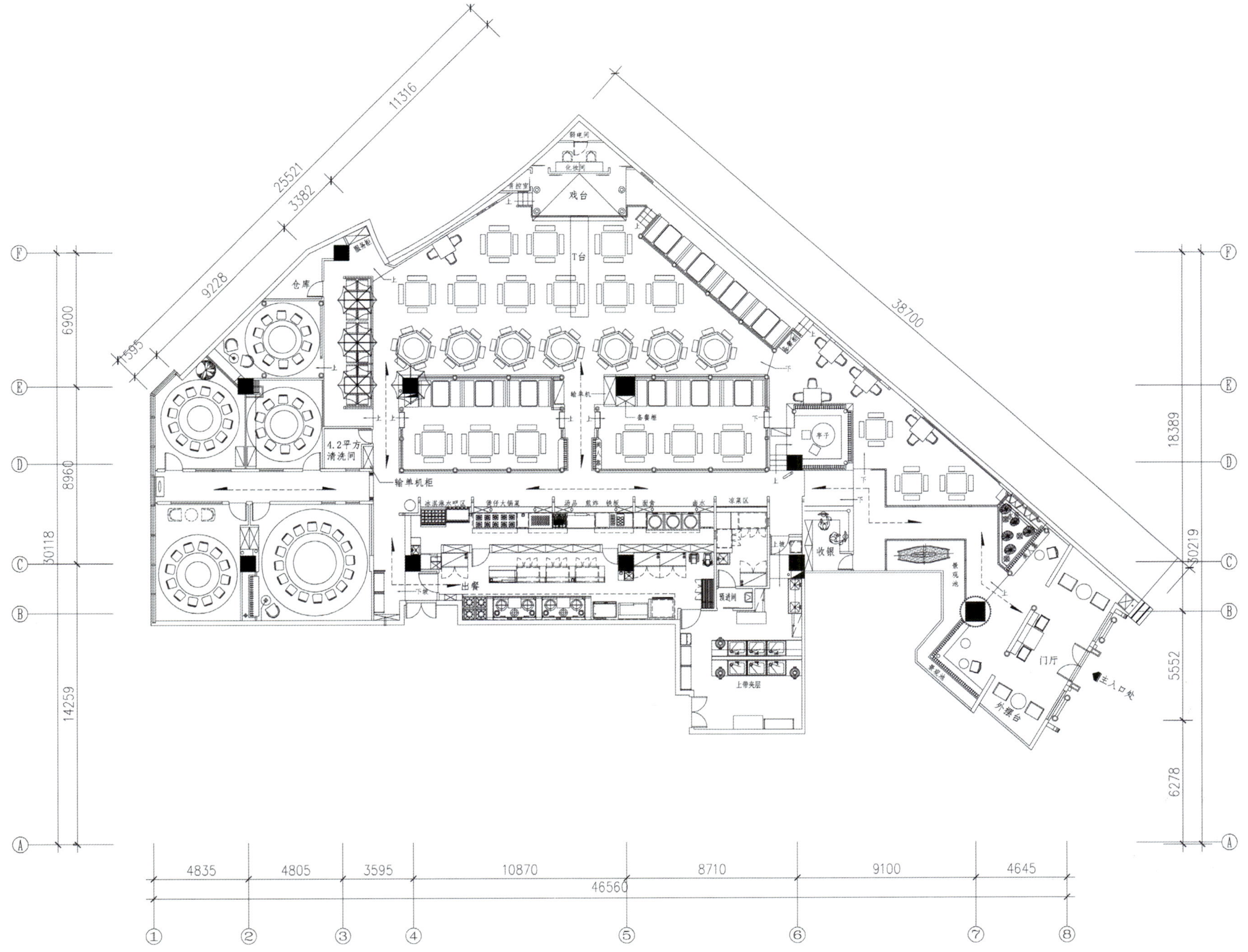
戏台
T台
仓库
4.2平方
清洗间
输单机柜
出餐
收银
门厅
外摆台
主入口处
11316
25521
3382
9228
38700
6900
8960
30118
14259
18389
30219
5552
6278
4835
4805
3595
10870
8710
9100
4645
46560

燕入書林
魚游墨沼蘋風暖

張府大院

徽宴楼
BADGE FEAS

▶ 剖面图

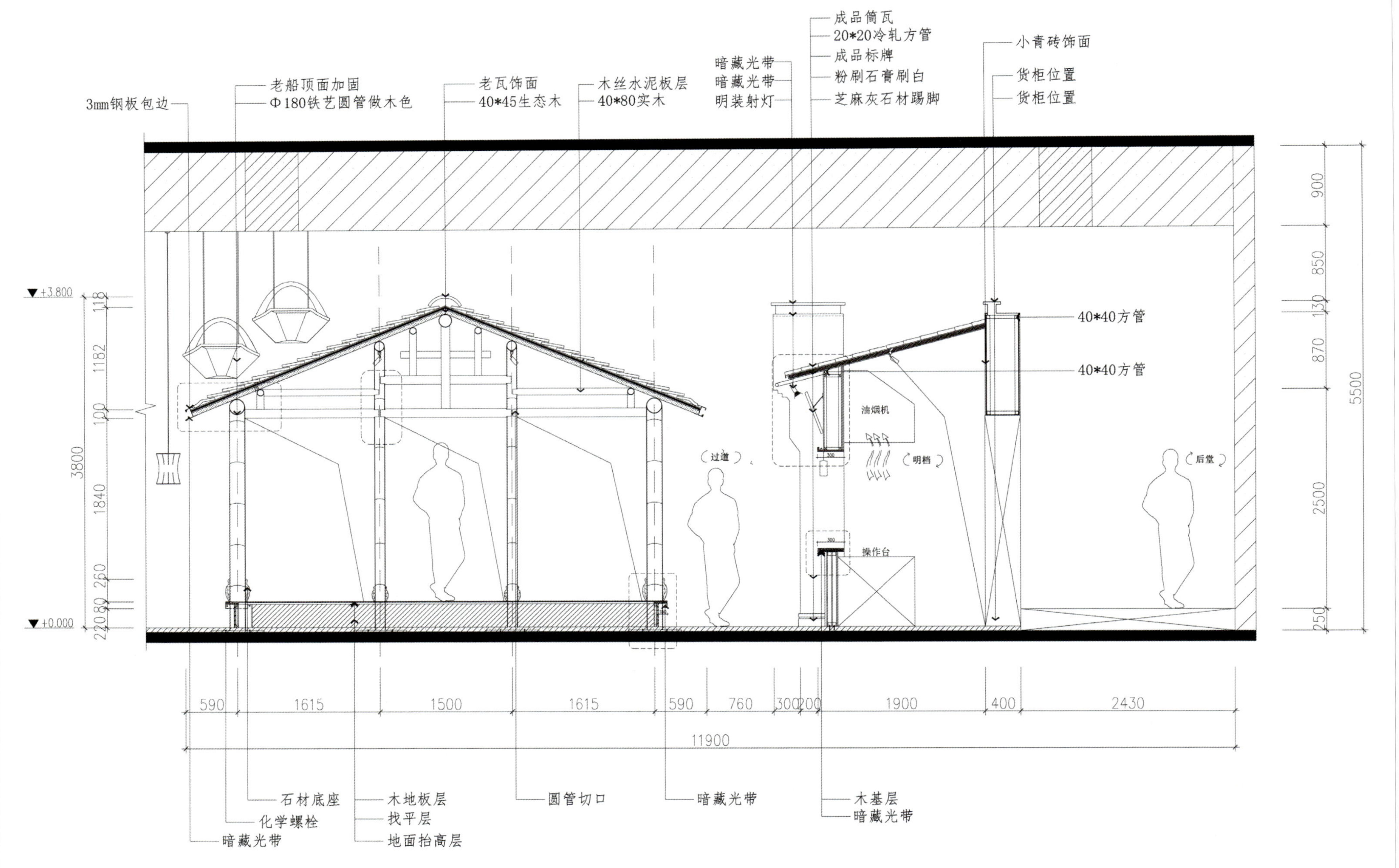
3mm钢板包边
老船顶面加固
Φ180铁艺圆管做木色
老瓦饰面
40*45生态木
木丝水泥板层
40*80实木
暗藏光带
暗藏光带
明装射灯
成品筒瓦
20*20冷轧方管
成品标牌
粉刷石膏刷白
芝麻灰石材踢脚
小青砖饰面
货柜位置
货柜位置
40*40方管
40*40方管
油烟机
操作台
过道
明档
后堂
+3.800
±0.000
3800
5500
590
1615
1500
1615
590
760
300
200
1900
400
2430
11900
石材底座
化学螺栓
暗藏光带
木地板层
找平层
地面抬高层
圆管切口
暗藏光带
木基层
暗藏光带

鐵板燒

大牌档

甜甜蜜

徽宴楼
BADGE FEAST
樓
大
牌
檔

# 满庭芳 · 东方画布之殿堂

## 汕头龙光御海天禧文化展厅

**项目面积**：650m² / **项目地址**：汕头市 / **硬装设计**：深圳创域设计有限公司
**软装执行**：殷艳明设计顾问有限公司 / **主创设计师**：殷艳明 / **参与设计师**：万攀、周燕黎、周宇达、梁深祥
**主要材料**：玉石、古铜不锈钢、手绘墙纸、实木地板、木饰面、夹绢艺术玻璃、灰砖

设计师尽可能消弭传统与现代之间的时间隔阂，
将追求心灵旨趣与审美生活的精神贯之于当下，造就了特色鲜明，内涵丰富的会所空间，
很好地贴合了潮汕文脉中“尚古求雅”的格调取向，
也非常契合“院传世界的瑰宝”的主题。

中国传统文化浩浩荡荡，儒道佛兼容并蓄。儒家讲“达则兼济天下，穷则独善其身”，道家讲“顺应自然”，佛家讲“当下”的重要。中国传统思想中庙堂与山林的结合，体现在美学上，前者是宫廷的宏大、庄重与显赫，后者是个人的荒山野趣、恬淡自然。在龙光御海天禧会所的案例中，设计师让空间超越了商务功能，成为都市人雅集的殿堂，延传统之文脉，续邈邈之心香。

### 承合相生

在设计中，接待前厅被演绎为中式文化瑰宝的展示区，以一座传统龙椅，九龙壁木质屏风的陈列成为吸引观者的亮点。背衬五联雕龙屏风，两侧对称置仙鹤灯饰，顶上贴金箔百鸟朝凤图天花与之呼应，营造出气势恢弘的皇家尊贵气派。

右侧接待台区的天花与墙面以木色为主，更好地衬托出简洁的白色台面与白色浅浮雕山水主背景，接待台体饰以中国传统窗花图案，一盆桃红色蝴蝶兰置于台面上，在典雅的氛围中洋溢着活泼与热情。

### 中而不古

沙盘两侧分置卡座、散座区和VIP室。天花借用中国传统建筑中架结构和藻井形式加以演变造型，连同沙盘上悬挂的建筑斗拱形式的大型吊灯，使室内空间别具一格。

设计师运用借景与对景手法，通过玻璃落地隔扇门将室外园林景致与自然光线引入室内，使空间通透、明亮。两座牌科之间空隙，填以垫拱板，以留空镂刻花卉图案为主，大面积天花斜顶以手绘水墨山峦叠嶂作背景衬之。

### 都市雅集

VIP文化展厅中整墙装饰博古架，错落有致地放置书册、茶叶小罐、盆景、茶壶、雅玩，既可观又可赏。左侧一张水墨山水图铺满主背景墙，只见山峦巍峨连绵，沿浩渺烟波渐渐消逝远方。画面以柚木细条加以分隔，兼具隔扇与屏风的效果。中间摆放一组做工精细的现代明清式家具，衬上定制手工地毯、中式圆筒吊灯彰显精细、雅致的人文情怀。庭院左右分设古筝区和茶室一间，简洁雅致的现代明清式家具，衬上金箔仙鹤七联屏风，清水砖墙面上装饰传统潮式砖雕花窗，婷婷荷莲，富贵牡丹。

▶ 一层平面图

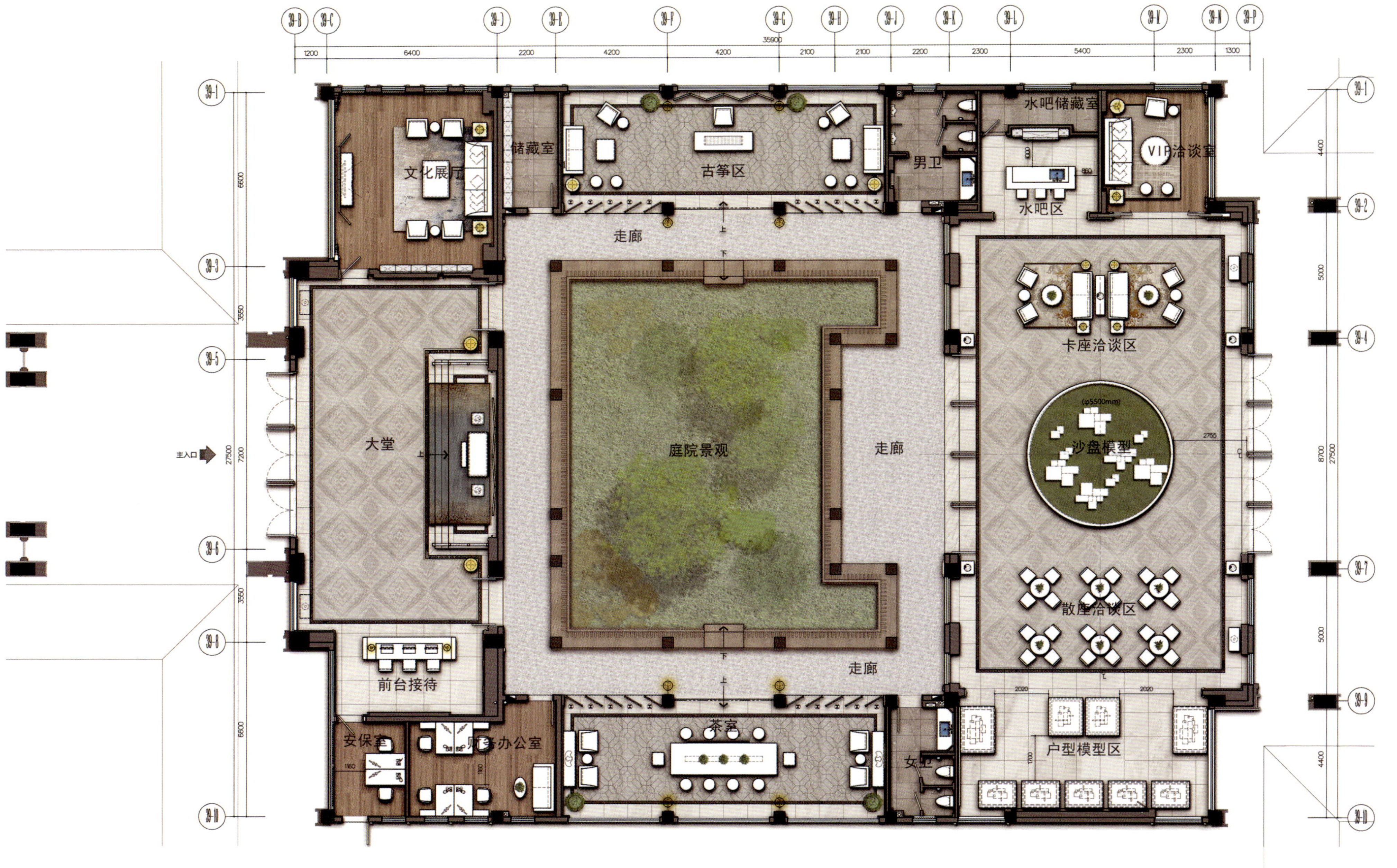
文化展厅
储藏室
古筝区
男卫
水吧储藏室
VIP洽谈室
水吧区
走廊
卡座洽谈区
大堂
主入口
庭院景观
走廊
沙盘模型
散座洽谈区
前台接待
走廊
茶室
安保室
财务办公室
女卫
户型模型区

談
VIP洽談室
VIP RECEPTION ROOM

資治通鑑

## 新中式空间之

# 休闲度假

中式文化与度假特色相结合，并借鉴南亚或东南亚度假风格而设计的中式空间，往往呈现出一种休闲度假的意境氛围。其空间主要表现为以下几大特点：空间高大开阔，注意室内外空间景观的交流和对话；多采用实木吊顶或木饰面包裹墙面，色调轻松明快；设计适当借鉴或融入南亚或东南亚元素，空间整体氛围休闲而浪漫。

### 满庭芳·戏人间

背倚青山，面临碧水，风抚深院秋千。江南水乡，情韵满茶园。驿馆路头忽现，卷幽梦，香气迎面。春风起，绿草如茵，湖面波微澜。无言，驻足处，童谣轻唱，醉美自然。山间日渐暖，辉洒云天。闲坐庭前享景，疏影斜，池水清浅。蓦抬头，在水一方，伊人花丛间。

**【解析】**背靠着青山，面临着碧水，风儿轻轻抚弄着庭院中的秋千。江南水乡，茶园里情韵绵绵。路头忽现一座驿馆，帘卷幽梦，香气迎面而来。春风吹起，绿草如茵，湖面起了波澜。停驻不前，忽听到有人唱起了童谣，那甜美的声音沉醉在这自然之中。山间渐渐暖和起来，太阳在云天之上洒满光辉。坐在庭前欣赏美景，看树影横斜，池水清浅。忽抬头，发现水那边，她在花丛间。

休闲度假空间多了一份悠闲，少了几丝凝重，并融入当地文化风情。山、水、云、天、风、木、日等自然景观相融，更将那份闲情逸致发挥得淋漓尽致，如同一幅巨大的中国山水风景画。

满庭茗

# 满庭芳 · 云端桃源清灵美

## 九寨沟悦榕庄酒店

**开发商：** 九寨沟宏义投资有限公司 / **项目地址：** 九寨沟县保华乡保海公路1号
**建筑设计：** ADP悦梁建筑设计公司 / **建筑面积：** 38000多$m^2$
**主要材料：** 刺绣、木地板、地毯、木条等

悦榕庄坚持风土理念，
在建筑及装饰上下意识地把文化需求
与价值、愿望、梦想和人的感情转化为物质形式。
与九寨沟清灵却不孤傲的格调一致，
悦榕庄无处不为宾客提供着
贴近自然的奢华、平衡的生态、富有文化特色的体验。

九寨沟悦榕庄坐落于四川被誉为“人间仙境”的九寨沟。酒店距离九寨黄龙机场约2.5小时车程，距离九寨沟景区约45分钟车程。酒店的外观设计力求保持该地区特有的传统东方情调，建筑风格富有现代气息却又不失简洁清新。建筑外檐设计成圆弧形，让客人可以最大限度观看风景，巨柱式的建筑外檐，给室内空间留下三层挑高的共享空间。

酒店的室内采用繁复精致的手工刺绣和绚丽多彩的配色，展现浓郁的地域特色，深色木地板配以色彩缤纷的民族绣品地毯，引领宾客走入一幅充满自然文化意境的山水画卷之中。在接待区，木条取自天然，装饰温馨朴素，照明设计含蓄，浅咖啡色地毯划分出各个功能空间，鼓墩茶几小巧中带着中国南方的柔美。九寨沟宴会厅吊顶局部用了藻井造型，牡丹团花纹样遮罩内隐藏LED灯。系列吊顶运用了转经筒造型，主灯为西式吊灯样式，壁灯和小吊灯采用中式灯笼形式。

酒店房间的设计灵感源于有着3000历史的羌族文化，这个古老的民族擅长刺绣，以其繁复精致的手工和绚丽多彩的配色闻名遐迩。花园客房装饰极具少数民族风格，羌绣壁挂成为背景，黑底让花朵和蝴蝶造型分外鲜明，印象深刻，让进入客房的人，体验到九寨沟的异域特色。在双人客房，为突出壁饰颜色的丰满，大面积的留白，只用原木做衬底。照明设计上非常谨慎，隐藏洗墙灯带烘托了墙面的颜色。

▶ 酒店总平面图

1 云顶花田
2 杉海松峰
3 半岸芳菲
4 东隅熠阳
5 静莲西照
6 绝目南崖
7 苏木苍野
8 祈愿池
9 停车场

► 酒店布局图

图例

1 泳池
2 悦榕SPA & 雨林
3 悦榕阁
4 健身中心
5 碧水谣
6 团体接待中心
7 明月全日餐厅
8 宴会厅及会议室
9 儿童俱乐部
10 中庭
12 甘海子特色餐厅
13 酒仙
14 白云中餐厅
15 前台接待/清风大堂吧
16 户外草坪
17 观景台
18 高尔夫球场
19 别墅区
H 客房区域
P 停车场

# 满庭芳·结庐在人境

## 峨眉山蓝光己庄酒店

**项目地址：** 东山市峨眉山市山湖路南段8号 / **业主：** 四川蓝光发展股份有限公司
**主要材料：** 木质、石材

“己庄”品牌名取法博大精深的中国文化——至大无外、至小无内是为“己”，
己庄，是一处属于千万都市人自己的世外桃源。
在服务理念上，酒店亦从国学文化中汲取灵感，
意在为每一位宾客创造“结庐在人境，而无车马喧”的自在享受。

峨眉山蓝光己庄酒店坐落在融秀美风光与禅意文化于一身的峨眉山脚，是峨眉山首家超五星豪华度假酒店。酒店坐拥山岚美景，融汇道法自然，其设计融合了本土化的川西部落风格和典雅新中式审美，加上国际化的标准和人性化的服务，打造令人难忘的旅程。

酒店精心打造150间豪华客房及奢华别墅，以宁静安心的居住体验和意蕴怡人的自然美景，满足每一位宾客的挑剔要求。其中，每间豪华客房均坐拥私人阳台与田园风光；温泉水疗别墅拥有148平方米私人户外休闲区域，尽享山岚美景以及室外之乐。酒店设有一系列餐厅和酒吧、5个设施齐全的会议场所、精心设计的室内外婚礼宴会场所、己SPA、室外游泳池及温泉。

酒店的建筑设计萃取了四川多元的建筑元素，形成一个具有地域特点的旅游目的地。酒店的主楼外观融入了川西羌族和藏族的碉楼设计，彰显出了民族文化的古朴与大气。别墅以传统木建筑结构为基础，搭配瓦面屋顶，同时糅合了东南亚的度假风情。酒店广泛应用自然材料，如木质的梁柱、石面的碉楼、铺草的亭子等，结合大地色的主色调，自然而然地与周围葱郁的植被融为一体，共同构造出舒适自在的原生态居住空间。

酒店的室内设计是现代风格与中国传统的完美融合，同时兼顾四川的地方特色，例如，大堂内部的吊顶与墙面借鉴中国传统古建筑结构——斗拱与藻井；挂灯和台灯则从中国的灯笼与四川鸟笼中汲取灵感，并结合祥云等独特的传统图案，体现了中国四川的文化特征。酒店的艺术陈设也巧妙地应用当地的自然和人文元素，通过现代的手法和材质去诠释，营造浓郁的巴蜀地域文化氛围，同时不失现代美感。

▶ 总平面图

1 入口水景
2 木平台
3 特色雕塑
4 景观跌水
5 阳光草坪(烧烤区)
6 果林
7 花圃
8 景观桥
9 特色景观亭
10 喷水雕塑
11 景观泳池
12 温泉泡池
13 更衣室
14 泡池
15 特色水景
16 停车位

# 满庭芳·静享西溪隐世梦

## 杭州所见·西溪度假酒店

**项目面积**：约40000m² / **项目地址**：杭州 / **业主**：杭州木欣园管理有限公司
**设计公司**：卡纳设计 / **设计团队**：卡纳设计·上海 / **首席设计师**：张炜伦
**主要材料**：水磨石、涂料、木质等

这是国际精奢酒店品牌——所见（SAVOIR RESORTS）的开山之作，
设计延续建筑与地理环境、人文精神相融的风骨，演绎烟雨江南、中式美学。
以“隐世”哲学，精湛演绎千年西溪的人文精神，定制私密度假体验。

酒店是在留存的江南民居基础上修复、拓建，尽力避免干扰原生地貌。花费5年时光，让20栋新中式Villa在4万平方米的水域自然生长。每一栋水上居所在拥有开放观景视野的同时，又静享隐匿。

所见西溪酒店的建筑，沿用中式民居的白墙灰石，仿若水墨留白。庄子曰“虚室生白，吉祥止止”这样纯净无求的状态，恰恰是度假心态的写照。卡纳设计便以虚白与素朴的材质色彩，留下足以回味的余韵。

设计师在空间设计上建立了自由、开放的秩序，室内外的关联，室内格局，无不传递无边界设计理念。在室内外关系的处理上，着重表达与风景的融合、与水系的融入。

窗，成为重要的媒介。传统中式的建筑，注重隐、闭，惯以镂空的窗格采光。在设计师的设计视角中，当代的中式建筑，不应因循守旧，应当传递当代的居住精神，让天光水色，满盈室内，无处不在。她在设计中，以大面积开窗面打破了建筑的闭合感。框架结构与明朗玻璃窗，将室外的水云天，与室内闲逸之心，融为一体。户外露台、汤池的无边界设计，让歇息的居者与西溪静逸水域更为相融。

室内空间的序列，不设实体隔断，仅透过装饰自然过渡。将床榻、卧具、浴池均面向风景，带来深度的沉浸体验。晨起、闲坐、品茗、沐浴……每一个瞬间，都在风景簇拥与环抱大景小景之间。

中式的框架结构，方方正正地素描出雅致格局，利落切割的线条，半围合隔栅，形成通透明朗的气质，也自然地过渡了室内外空间。在空间的上与下，透过延伸的床幔遮盖，避免层高带来的虚浮，让居者安稳入梦。

在材质上，卡纳设计仅甄选灰色水磨石、白色涂料、温润木质等元素，以自然色系与天然环保材质，烘托质朴与低调奢美的气场。沿袭传统工艺的水磨石，以素雅清浅的米灰色，打破传统建筑的厚重感，烘托明快轻盈的度假感受。

# 满庭芳 · 北国风情大丽花

## 张家口容辰华邑酒店

**项目面积：** 56000m² / **项目地点：** 河北省张家口市桥东区胜利北路56号
**设计公司：** YANG设计集团 / **主创设计师：** 杨邦胜、陈岸云、田帅
**主要材料：** 光面土耳其灰大理石、光面金雅棕大理石、哑光开放漆山纹胡桃木木饰面、开放漆山纹橡木木饰面、拉丝古铜做旧金属

设计师运用古典家具及富有中国特色的门屏于细节处彰显华邑酒店的典雅气质；
空间结构中融入中国传统建筑中的斗拱结构、月亮门及山石文化；
公共区域错落有致的墙面设计，诉说着古城墙、烽火台的古老传奇……

张家口容辰华邑酒店，设计师从当地独特的地域文化和历史文化中汲取灵感，将大境门、古城墙、商贾文化、大丽花、剪纸等代表性文化元素融入酒店之中，结合华邑酒店“礼、尊、和、达”的品牌理念，打造一座具有鲜明文化个性的商务酒店。

被誉为“中国万里长城第一门”的大镜门见证了张家口的历史变迁，以实木垒就的中国背景墙，在斑驳的光影中，古朴厚重的历史气息扑面而来。

与总台背景遥相呼应的绿植墙，青砖若隐若现，似经过风雨洗礼的古城墙正焕发出新的生命。为了展现生机盎然的景象，大堂还融入了山石文化，一株高7米的大红山楂树艺术装置屹立大堂中央，象征坚韧顽强的北方风骨，也寓意着硕果丰收，喜气盎然，呈现一派盛世气象。

全日餐厅以商贾文化为基调，餐厅中古朴的档口、摊位、塞外风格的器皿及瓦片堆砌的墙面尽显塞外边关的粗犷豪迈，档口烟罩上大幅剪纸纹样还原出一派商贾云集、车水马龙的繁荣景象。富有商贾气息的皮革家具让人仿佛置身于历史岁月中。

大丽花作为张家口的市花，色彩瑰丽，华丽优雅。设计师将其提取，并运用在宴会厅的地毯之上，让朵朵繁花营造出华丽优雅的空间氛围。以“冰花”为灵感的宴会厅天花吊顶，不仅展现北国风情，也展现了张家口作为2022年冬奥会主办地的荣光。

足疗区墙面的水墨山峦曼妙游走，画中的药草与大丽花纹理的地毯相映成趣，配以树叶状天花营造出的林荫体验，打造出独特的中式理疗空间。客房内以剪纸艺术镂空形成的大丽花背景墙清雅大气，两侧中式门板式样的墙面，映衬着水光盈盈的山水地毯纹理，构筑了一幅山水交融的自然画卷！

客房的陈设艺术品及家具，亦巧妙糅合中式文化、商贾文化和张家口的地域文化。精致古朴的电视立柜源自旧时的皇家百宝箱，布纹漆面收纳柜好似古时商户常用的珠宝盒。一旁的迷你吧也别具风味，“翘头案”的优雅形象被注入台面造型，屏风隔断的设计更是匠心独运。

寻着历史和文化的足迹，项目完美诠释了“铿锵马蹄声烽烟滚滚，群山苍莽处大好河山”的壮丽图景。

HUALUXE 華邑

HUALUXE 華邑

彩丰楼

麵

LUXE TEA
華茗邑

# 满庭芳·清波雾霭繁花梦

## 阳朔花梦间酒店

**项目面积**：2800m² / **项目地址**：广西省桂林市阳朔县 / **业主**：广东花梦间酒店管理有限公司
**建筑、景观、室内设计**：共向设计 / **软装设计**：共向美学 / **主创设计**：姜晓林、闵耀、王东磊、曲云龙 / **参与设计**：陈马贵、宋森 / 摄影师：井旭峰
**主要材料**：木饰面、玉芙蓉大理石、黑色拉丝不锈钢、木模混凝土、毛石、肌理涂料

陈砖瓦砾、石板长街，是岁月对夏棠的馈赠，千年古桥之下遇龙河湍流而过。
花梦间将品牌的第一家酒店选址在这清波雾霭之间，以繁花为梦，契合心灵的悠然。
酒店的整体设计结合了历史与文化元素，寄情于景，返璞归真。

花梦间的设计开始于一个四面通透的毛坯框架，设计师从建筑开始着手，从景观到室内，到软装，进行了全面的设计规划与改造。

酒店的建筑外立面采用白色的肌理涂料搭配韵律的木纹格栅，形成协调的序列性，不仅具有传统的审美，还极具度假感。酒店庭院借鉴中式园林的理念，院落种植了3米高的竹林进行围合，塑造出礼仪层次，确保了庭院的独立性与私密性。酒店南侧有一栋原始建筑，为了避免其影响到庭院的景致，设计师将这一范围内的竹林高度提升至6米，达到完美的障景效果。移步庭院，空间回合婉转，景观层层递进，水榭、花木相映成趣，一步一景，步行景深。

酒店大堂采用对称的设计手法，传达出新中式的秩序美学。简洁的线条则充满现代时尚感，在演绎传统的同时，也更加符合现代人的审美方式。采用清雅低调的木质材料，打造出来的书吧、茶室，呈现出沉静的气韵。镂空屏风与光影相映成趣，散发着素雅的东方气质。

留白是中国传统艺术的精髓，虚实相生，皆成妙境。将其融入室内设计当中，不仅拓宽了空间的层次布局，更强调艺术氛围的营造。在营造情景的同时巧妙地融合地域特性，强调文化在空间中的力量。

酒店共有26间客房，根据不同的朝向景观和面积进行合理的划分。设计师提取出具有代表性的地域色彩应用在客房区域，创造不同的情境体验，使空间更具自然的灵动与生机。大面积的落地窗将自然景观引入室内，临窗而立，将景致尽收眼底。客房沿用简洁、雅致的设计笔触，让当代的设计理念，结合有拙性的物件，形成视觉上的碰撞与冲突，以情寄物，以物传情，赋予空间灵魂。客房采用了智能化系统，配合温馨的氛围照明，意境之余，更多的是舒适。

酒店顶层设置了一处观景庭院，放眼远眺，是一望无际的山景，缭绕在云雾间。淡然的幽蕴气息带来宁静的空间意境，那是人与自然的和谐境界。有景如此，足以让身心融合于自然中，游走于文化间，远离喧嚣，享受心灵的自由。繁花若梦，悠然其间。

花梦间酒店
BLOSSON
花梦间酒店
BLOSSON DREAMS HOTEL

▶ 一层平面图

卫生间
管家值班室
办公室
布草间
布草间
强弱电
设备
上水
水井
景观庭院
厨房
卫生间
储藏
电梯井
上水
1. 入口
2. 自行车出租区
3. 廊道
4. 景观
5. 水景
6. 户外休息区
7. 枯山水
8. 书吧
9. 休息区
10. 茶室
11. 服务台

▶ 三层平面图

A. 大床房
B. 双床房

► 楼顶平面图

H. 套房
1. 休息区
2. 观景庭院
3. 花池

# 满庭芳 · 虚空纳万物

## 上海 one house 璞隐

**项目地址：**上海市青浦区朱家角镇酒龙路 / **设计公司：**埂上设计事务所
**主案设计师：**李良超、文志刚、黄圆满 / **摄影师：**黄缅贵
**主要材料：**白墙、混凝土、玻璃灯

民宿的精华，在于“融合”，人与物，物与情。
民宿的最佳状态意味着回归人的本性，让浮尘万物归于心，
某种程度上也是一场生命的修行。
匠心独运，新旧交织；传统与异域，光影与触感，交相辉映，酿出浓厚的生活情。

“one house”坐落于上海朱家角古镇铜管厂，由一栋旧厂房改造而成。这间民宿趣味非常，只有一间房。到这里的每个人，既是房客，也是户主。这是“one house”理事人引导的一种由自身进行主动用户体验的“自助服务式” 民宿。

“one house”在设计中保留建筑基本特征，将原客厅上的二层全部拆除，把建筑原结构裸露出来变成装饰的一部分，通过对原建筑窗的改造让光与景更多地进入人的视野。在这里既身处大都会，也靠近自然，让人感觉到平静与活力。

传统的酒店需要满足舒适与美观的要求，而做民宿除了这两点外，还要体现主人对生活的理解，这种理解在这个空间里每个细节都展现他的品读与视野。东方与西方结合，现代与古典碰撞的装饰，完美地结合在一起，Lindsey的现代玻璃灯，更将混搭推到了极致。

老唱盘、老风扇、旧皮箱、藤椅，装满了明信片的铁盒里藏着一片玫瑰花瓣，这些老物件都是从各地搜罗来的，别人眼中的废弃物，放在属于它的地方，才有价值。旧物新用的环保理念，还原了老建筑中“家”的感觉。搜罗回来的物件不是在追求家具的历史和收藏价值，而是希望这些印刻时光年轮的物件能让客人多一点家的温暖，是生活的一种沉淀，保存我们心底对于过往生活的一种回味。

现代人对于卫浴空间的要求是苛刻的。老物件营造气氛，新设备打造功能，二者新旧手法的穿插，既满足了现代人的卫浴体验要求，更符合了民宿的情怀。白墙与混凝土，从来都是最佳搭配。粗犷而自由的浴室，让住客身心得到最深层的“放空”。

民宿应该离群索居，就像这个房间的唯一性。老木头未必只能怀旧，与Moooi后现代叶子灯搭档，是浪漫。空间关系的舒适度就如人与人之间的交流，需要沟通与互动。“one house”在设计中尽量采用天然的物料，每件物料皆独一无二，流入自然的美态。整个空间和谐呼应，却平静清晰，让人与空间环境联系一致，让生活提升至更高的层次。

▶ 一层平面图

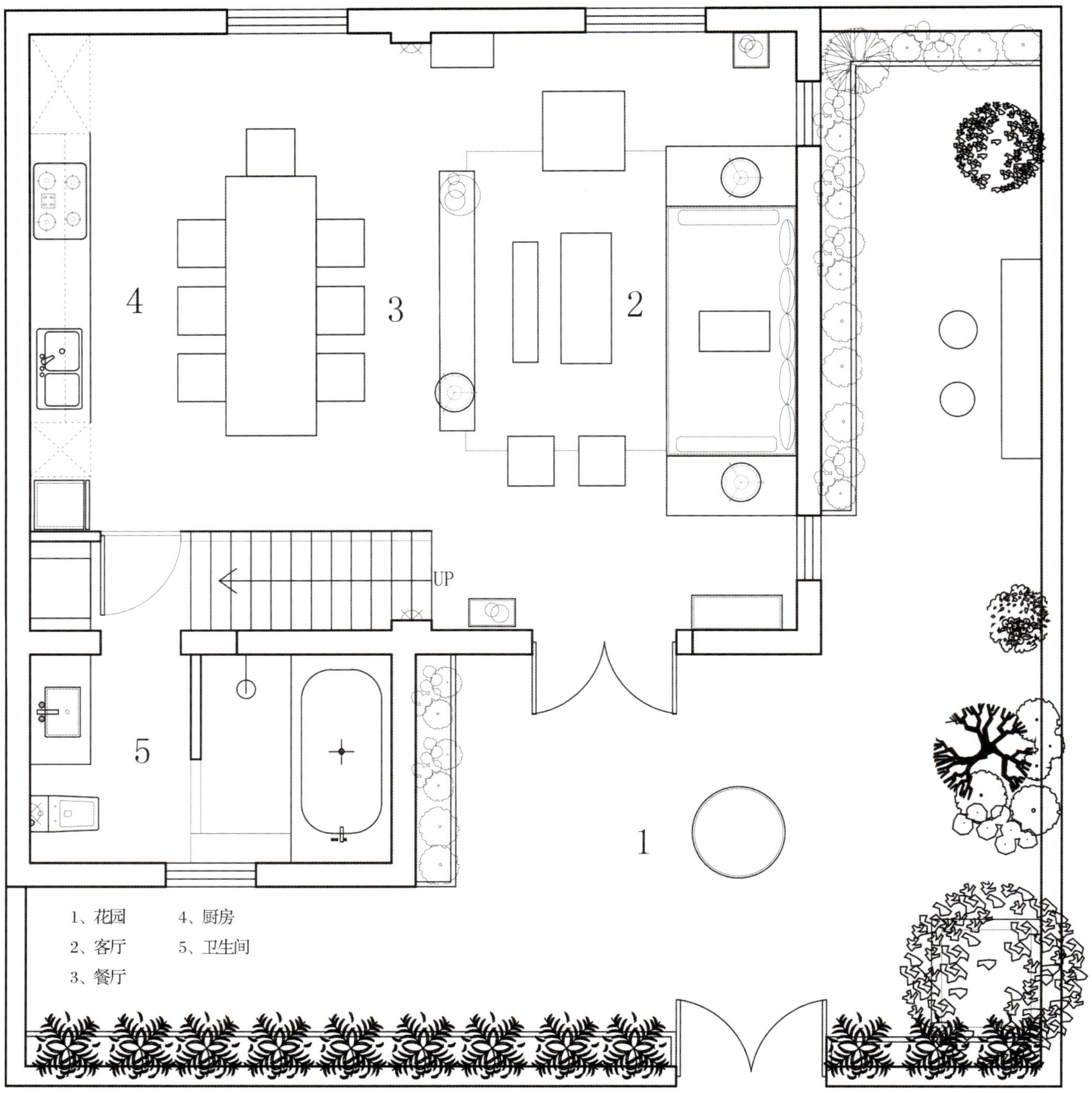

► 二层平面图

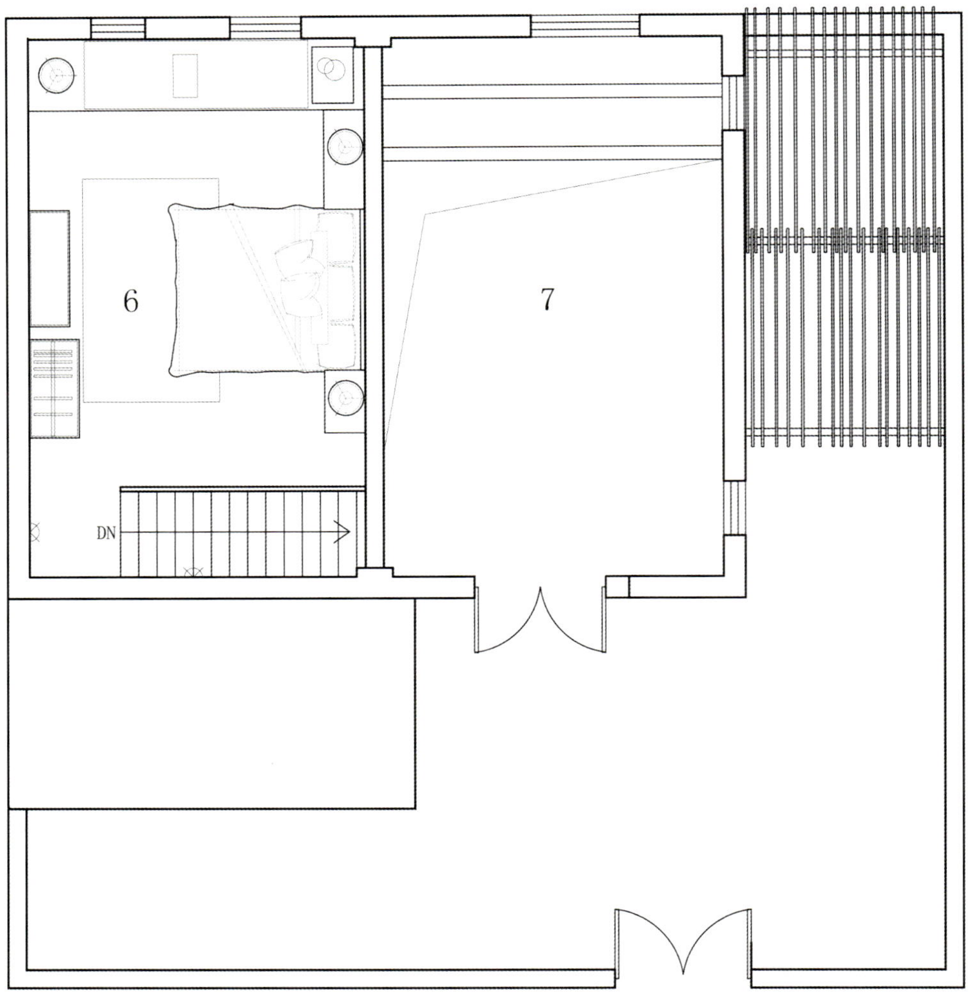


6、卧室
7、起居室

WHENEVER YOU ARE,
BE ALL THERE.